科学新悦读文丛

课堂上来不及思考的
数学

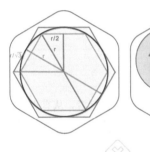
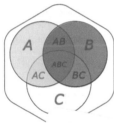
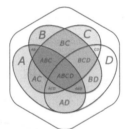
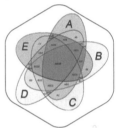

陈开◎著

U0202689

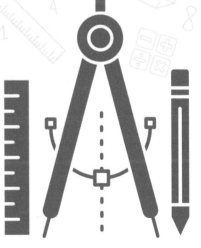

人民邮电出版社

北京

图书在版编目（CIP）数据

课堂上来不及思考的数学 / 陈开著. -- 北京 : 人
民邮电出版社, 2022.7
（科学新悦读文丛）
ISBN 978-7-115-58667-4

Ⅰ. ①课… Ⅱ. ①陈… Ⅲ. ①数学－普及读物 Ⅳ.
①O1-49

中国版本图书馆CIP数据核字(2022)第021485号

本书中文简体版由北京行距文化传媒有限公司授权人民邮电出版社有限公司在中国大陆地区（不包括香港、澳门、台湾地区）独家出版、发行。

内 容 提 要

本书主要面向学有余力的小学高年级学生、中学生以及其他数学爱好者，从有趣的数学故事出发，由浅入深地介绍数论、代数、几何和组合数学等主要内容，并对概率、拓扑等内容进行了有益的拓展。同时，本书再现了多个与数学原理相关的历史、文化、科学和艺术场景，展现了数学之美以及数学和人文科学的统一。本书综合趣味性和可读性，也可以启发读者自主思考的方式——提供独特的分析和解决问题的思路，使读者能够举一反三、开拓思维。

本书可以作为学生的课外读物，也可作为数学爱好者进行数学思维训练和补充数学知识的资料。

◆ 著　　　　陈 开
　　责任编辑　李 宁
　　责任印制　陈 犇
◆ 人民邮电出版社出版发行　　北京市丰台区成寿寺路 11 号
　　邮编　100164　　电子邮件　315@ptpress.com.cn
　　网址　https://www.ptpress.com.cn
　　廊坊市印艺阁数字科技有限公司印刷
◆ 开本：700×1000　1/16
　　印张：9　　　　　　　　　　　2022 年 7 月第 1 版
　　字数：143 千字　　　　　　　2025 年 4 月河北第 12 次印刷

定价：49.80 元

读者服务热线：(010)81055410　印装质量热线：(010)81055316
反盗版热线：(010)81055315

前言

Preface

2020 年 12 月底，家里收到了一个盼望已久的包裹，它来自俄罗斯圣彼得堡，里面是女儿在比利时参加第 61 届国际数学奥林匹克竞赛的纪念品。这是未满 16 岁的女儿第一次参加国际数学奥林匹克竞赛，她获得了一块宝贵的铜牌。

出人意料的是，包裹中除了女儿获得的铜牌，另有一块大小一样的奖牌。和女儿的那块铜牌略有不同，在这块奖牌的背面刻有一句话："给我的老师，来自一名充满感激的学生。"女儿将这块奖牌送给了我，因为我是她的数学启蒙老师。

虽然女儿在数学竞赛中取得了不错的成绩，但我并不是数学家，大学时学的也不是数学专业，我只不过是从学生时代开始就一直钟情于课堂外的学习，恰好数学是我最喜欢的内容之一，而女儿潜移默化中受到了我的影响。

就像这本书，它也许是一本很普通的书，但是它可以在潜移默化中让你在课堂之外也爱上数学。

数学无疑是优美的。一个欧拉公式，集合了数学中最基本的两个整数 0 和 1、圆周率 π、自然常数 e、虚数单位 i，形式简明而和谐，含义独特而深远。同时，数学也是枯燥的、乏味的、难以攻克的，令不少人望而生畏、敬而远之。因此，让数学变得生动有趣，让大家在课外仍然能对数学保持持续的兴趣，是我写这本数学书的目的。

拿到这本书后，你只需要找一个惬意的下午茶时间，带上一支笔和一张纸，从前往后顺畅地阅读。你不需要预设任何目标，不需要记住公式，甚至不需要做对所有的例题，只需要把读这本书当作一种消遣。

你会看到，书中有"斤斤计较"的小货郎，有在乌有寺前品茗对弈的师徒俩，有和乌龟比赛的阿基里斯，还有一群面面相觑的修道士；书中还有编修历法的里利乌斯，有潜心计算的尚克斯，有"激怒了上天"的闵可夫斯基，也有互相倾轧的伯努利兄弟；同时，你还将了解到悉尼歌剧院、结构对称的药物分子、诗人和文学，以及我们难以想象的高维空间里蕴含的数学之美。你会发现，原来数学并不仅仅是枯燥定义的累积，也不全是烦琐公式的堆砌，它更是人类智慧的基础和精华。

这本书的写作初衷是我想写一本特别适合中小学生在课堂外阅读的图书。它不是教材，也不是竞赛专用书，所以对大多数课内涉及的内容本书不作过多的讲解，取而代之的是通过生动的背景故事、活泼的文字、通俗的比喻和现实中的示例，让学生们的思维可以从课内知识点延伸到课外的应用，乃至其他学科之中，做到举一反三，融会贯通。

本书分为4章，包括"数学的女王""数学的音符""自然的曲线""演绎的学问"，分别对应"数论""代数""几何"和"组合数学"。这4个方面内容的递进，大致上是中小学数学课本内容从易到难、从点到面的延展过程，同时也是数学竞赛题的4个主要类别。在本书的第1章，你将了解到整数的一些基本性质，比如数的进制、奇偶性以及素数和合数；在第2章，你会接触到分数、数列、圆周率和函数等内容，其中，部分内容（比如级数和逼近）会涉及高等数学的一些基本思想，但我相信你读起来不会觉得枯燥或者高不可攀；第3章的内容和几何以及拓扑有关，你将了解到圆锥曲线、摆线等各种曲线，还将触及图论和高维曲面的基础知识，后者需要你更多的想象力；第4章的内容是组合数学，通俗地讲，这是一个"大杂烩"，包括容斥原理、抽屉原理、概率论和博弈论等方面的知识，它们虽然在课本中较少出现，却是现实生活中最常碰到的数学原理。

本书可以作为课外阅读、数学思维训练和数学知识科普的补充读物，主要面向学有余力的小学高年级学生、中学生，以及其他数学爱好者。对于阅读目标为扩大知识面的读者，你们可以更多地关注本书中涉及的数学的历史性和多元性，即数学背后深厚的人文历史、数学家们鲜明的人格特点，以及数学原理向其他学科的延伸和应用等方面。对于阅读目标为加深理解课内知识点的读者，你们可以侧重于本书中关于知识点的讲解和延伸内容，在加深理解的基础上做到有所拓展。对于以准备数学竞赛为目标的读者来说，你们可以把重点放在本书中的例题上，尤其是一些进阶的、本身就出自竞赛的例题，做到理解到位和举一反三。读者朋友们也可以通过邮箱 wiskclub.be@gmail.com 与我联系。

最后，希望大小读者朋友们都能做到开卷有益，利用这本课堂外的图书训练数学思维。同时，任何的成功都离不开个人的努力和磨炼，所以当你遇到不懂的内容时，不要轻易放弃，仔细阅读，反复琢磨，相信你一定可以战胜一个又一个的挑战，实现自己的目标！

目录

Contents

第 **1** 章

数学的女王

高斯曾经说过，"数学是科学的皇后，数论是皇后的皇冠"。老货郎需要用 6 个砝码称出 1～40 斤（1 斤 =500 克）糖果的所有整数重量（质量的俗称），为什么小货郎可以只用 4 个？在象棋棋盘上，为什么马一定要跳偶数次才能回到原来的位置？把已知的最大素数印在一本书上，这本书将会有多少页？这些问题涉及数论最基本的内容：数的进制、整数的奇偶性，以及素数的性质。你将在本章中找到答案。

1.1 偷懒的小货郎

"易有太极，是生两仪，两仪生四象，四象生八卦。"

——《易经·系辞上传》

以前，有个老货郎沿街卖糖果，糖果以 1 斤（1 斤 =500 克）为最小售卖单位，他一次最多带 40 斤出门。老货郎称糖果用的是天平（图 1.1.1），所以除了货物以外，他还需要带上一套能够称出 1 ~ 40 斤整数重量糖果的砝码。

单个砝码的重量从 1 斤到 40 斤的都有，老货郎家有好几套这样的砝码。以前卖货时，他总是带上这样一组共 6 个砝码出门：1 个 1 斤、2 个 2 斤、1 个 5 斤、1 个 10 斤、1 个 20 斤。不同重量的砝码类似于不同面额的钞票，老货郎可以通过这些砝码的组合，得到 1 ~ 40 斤的任意一个整数重量。比如，要称出 17 斤的糖果，只需在天平的另一端放上 2 斤、5 斤和 10 斤 3 个砝码就可以了；要称出 29 斤的糖果，则需要放上 2 个 2 斤、1 个 5 斤和 1 个 20 斤共 4 个砝码。

图 1.1.1　老货郎称糖果使用的天平

后来，老货郎招了个徒弟，即小货郎，出门卖货时背砝码的任务也就交给了小货郎。砝码总重 40 斤，小货郎年轻力壮倒不嫌砝码重，只是觉得大大小小共 6 个太麻烦，还很容易弄丢。既然砝码是卖货必须要用的，小货郎心里虽然有想法，嘴上却也没有说什么。

每天夜里躺在床上，小货郎就开始琢磨：是不是可以少带些砝码，同样可以称出 1 ~ 40 斤的整数重量？

为了简化问题，小货郎先从较小的重量开始考虑：如果老货郎最多只卖 7 斤糖果，那么最少需要哪些砝码呢？因为糖果的最小售卖单位是 1 斤，所以 1 斤这个砝码是肯定需要的；同时最多要称出 7 斤糖果，所以所有砝码的总重量不会低于 7 斤。这样，最少也需要 2 个砝码了。

按照老货郎根据钞票面额确定选用哪些砝码的做法，实现 1 ~ 7 斤任一整数

课堂上来不及思考的数学

重量的砝码组合可以是 1 个 1 斤、3 个 2 斤，或者 1 个 1 斤、2 个 2 斤和 1 个 5 斤，无论哪种组合都需要 4 个砝码。如果使用其他重量的砝码呢？那么可以是 1 个 1 斤、1 个 2 斤、1 个 4 斤，这样 3 个砝码就可以通过加法组合出 1 ～ 7 斤的任一整数重量。

这种组合可以比老货郎的办法少带 1 个砝码！

类似地，对于 1 ～ 15 斤的任一整数重量，可以用 4 个砝码通过加法组合实现，4 个砝码分别是 1 斤、2 斤、4 斤和 8 斤。比如要称出 11 斤的糖果，可以使用 1 斤、2 斤和 8 斤 3 个砝码；要称出 14 斤糖果，可以使用 2 斤、4 斤和 8 斤 3 个砝码。

小货郎把 4 个砝码从大到小依次放好，从左到右依次是 8 斤、4 斤、2 斤和 1 斤。他发现对于 1 ～ 15 斤的任一整数重量，只需要用二进制来表示它，然后使用出现 1 的相应位置上的砝码来称重即可。比如十进制中的 $(11)_{10}$，用二进制表示就是 $(1011)_2$，从左到右表示使用 8 斤、2 斤和 1 斤的砝码；十进制中的 $(14)_{10}$，用二进制表示就是 $(1110)_2$，表示使用 8 斤、4 斤和 2 斤的砝码。

因为 1 ～ 15 的任意一个整数可以且唯一可以用一个 4 位数的二进制表示，所以用 8 斤、4 斤、2 斤和 1 斤这 4 个砝码就可以通过加法组合出 1 ～ 15 的任意一个整数重量。

小货郎依此类推，得出：要表示 1 ～ 3 斤的任一整数重量，用 2 个砝码即可；1 ～ 7 斤需要 3 个砝码；1 ～ 15 斤需要 4 个；1 ～ 31 斤需要 5 个……结论：对于 1 ～ 2^n-1 斤的任一整数重量，只需要 n 个砝码就可以了，其重量分别为 1 斤、2 斤……2^{n-1} 斤。不过很遗憾的是，要表示 1 ～ 40 斤的任一整数重量，因为 40 大于 2^5-1，所以小货郎仍然至少需要 6 个砝码。

那么，是不是还有别的办法可以让他偷个懒，少带些砝码呢？

小货郎的目光从天平的一边移到了另一边，所有的砝码可以单独放在一边，是不是也可以把部分砝码和糖果放在另一边呢？以 1 斤和 3 斤两个砝码为例，如果只把砝码单独放在一边，通过**加法组合**，可以得到 1 斤、3 斤和 4 斤 3 个不同重量；如果同时可以把一部分砝码放在另一边，那么通过**减法组合**，还可以得到 2 斤这个重量，比如把 3 斤的砝码放在一边，1 斤的砝码和糖果放在另一边。因此，实际上使用 1 斤和 3 斤两个砝码，通过**加法**和**减法**组合，就可以得到 1 ～ 4 斤的任意一个整数重量。

受到这个发现的鼓舞，小货郎又拿出了 9 斤这个砝码，他兴奋地发现，使用

9 斤、3 斤和 1 斤这 3 个砝码，通过在天平两边的摆放，可以得到 1 ~ 13 斤的所有整数重量。比如要得到 11 斤糖果，可以将 9 斤和 3 斤砝码放在一边，1 斤砝码和糖果放在另一边；要得到 7 斤糖果，可以将 9 斤和 1 斤砝码放在一边，3 斤砝码和糖果放在另一边。

这个方法的可行性是很容易被证明的：因为使用 3 斤和 1 斤砝码可以得到 1 ~ 4 斤的任一整数砝码净重，那么通过减法组合，将 9 斤砝码放在与净重砝码侧相对的另一边，就可以得到 5 ~ 8 斤的任一整数重量；同样通过加法组合，将 9 斤砝码放在与净重砝码相同的一边，就可以得到 10 ~ 13 斤的任一整数重量。因此，使用这 3 个砝码，就可以得到 1 ~ 13 斤的任一整数重量（表 1.1.1）。

表 1.1.1　使用 1 斤、3 斤、9 斤 3 个砝码得到 1 ~ 13 斤任一整数重量的糖果

糖果净重（斤），天平左盘	减法砝码（斤），天平左盘	加法砝码（斤），天平右盘
1	—	1
2	1	3
3	—	3
4	—	1, 3
5	1, 3	9
6	3	9
7	3	1, 9
8	1	9
9	—	9
10	—	1, 9
11	1	3, 9
12	—	3, 9
13	—	1, 3, 9

并且，这个规律可以外推到更大的重量：用 1 斤、3 斤、9 斤和 27 斤 4 个砝码，可以得到 1 ~ 40 斤的任一整数重量；用 1 斤、3 斤、9 斤、27 斤和 81 斤 5 个砝码，可以得到 1 ~ 121 斤的任一整数重量……由此得出的结论：对于 1 ~ $\frac{1}{2} \cdot (3^n - 1)$ 斤的任一整数重量，只需要 n 个砝码就可以了，其重量分别为 1 斤、3 斤……3^{n-1} 斤。

对于小货郎来说，从明天开始他带上 4 个砝码出门就可以了，现在他可以安

心地睡个觉了。

我们再来看看小货郎要带的那些砝码，1 斤、3 斤、9 斤、27 斤，现在将这些砝码由大到小从左到右排列，然后把 1 ～ 40 中的任一整数用三进制来表示，是否可以得到某种对应关系呢？

比如十进制中的 $(22)_{10}$，用三进制表示就是 $(211)_3$。问题来了，在二进制中，每个数位上的 0 表示不用该砝码，1 表示使用该砝码；在三进制中，非零的数位上除了 1 还有可能是 2，这意味着只用加法组合的话，我们还可能需要另外一套砝码。不过小货郎聪明地发现了砝码还可以放在天平的另一边，也就是说可以使用减法组合。$(211)_3$ 也可以表示为 $(1011)_3$-$(0100)_3$，即 $(27+3+1)-9=22$；或者说 27 斤、3 斤和 1 斤 3 个砝码放在一边，9 斤那个砝码放在糖果的一边，我们就得到了 22 斤这个重量。类似地，要得到 35，可以利用 $(35)_{10}=(1022)_3=(1100)_3-(0001)_3$，即 $(27+9)-1=35$。

如果我们扩展一下三进制的定义，从右至左将数位上的每一个 2 都改为 -1，同时向前一位进位，0 和 1 则保持不变。这样，$(211)_3$ 变成了 $(1-111)_3$，表示 3^3-$3^2+3^1+3^0=22$；$(1022)_3$ 则变成了 $(110-1)$，表示 $3^3+3^2-3^0=35$。在扩展的三进制定义中，每个数位上要么是 0，要么是 1 或者 -1，0 表示该砝码不用，-1 表示该砝码和糖果放在同一边，1 表示该砝码放在天平的另一边。依此定义，一个 4 位数其最大值为 $(1111)_3$，即 $27+9+3+1=40$，所以使用这 4 个砝码就可以表示 1 ～ 40 的任一整数重量。

从小货郎的例子我们可以看出，不同基数（又称底数）的数制表示法有着不同的效率。二进制每个数位上只有两个状态，即 0 和 1，但它需要更多的数位来表示较大的数；十进制每个数位上有 0 ～ 9 共 10 个状态，但对于同样大小的数，它需要的数位比二进制要少很多，比如同样表示 1024，十进制只需要 4 个数位，而二进制需要 11 个数位。

哪一个基数的数制是最优的？对此并没有一个简单的答案。如果从信息传递效率的角度来看，考虑所谓底数经济度（radix economy），那么不同基数的数制具有不同的效率。

简单来说，底数经济度 $E(b,N)= b \lfloor \log_b N+1 \rfloor$，$\lfloor x \rfloor$ 符号表示将 x 向下取整。以 $N = 999$ 为例，二进制的基数 $b = 2$，用二进制表示 999 需要 10 个数位，所以 $E(2, 999)$ 等于 20；八进制的基数 $b = 8$，用八进制表示 999 需要 4 个数位，所以

$E(8, 999)$ 等于 32；十进制的基数 $b = 10$，用十进制表示 999 需要 3 个数位，所以 $E(10, 999)$ 等于 30。相比较而言，这 3 种数制中，二进制的效率最高。

那么对于所有基数，是否二进制的效率最高呢？如果把 $E(b,N)= b(\log_b N +1)$ 看作一个关于变量 b 的连续函数，在函数取最小值时，b 等于自然常数 e。也就是说，如果采用自然常数 e 作为基数，效率最高。如果限定基数必须为整数，因为 e $=2.71828\cdots$，所以 $b = 2$ 或者 3 时 E 较小。通过比较，$b = 3$ 时 E 最小，也就是说，三进制是最有效率的数制。

这个结论和小货郎想出来的方法是相符的，我们把使用 -1、0 和 1 的三进制表示法叫作三进制的平衡表示法。计算机科学家高德纳（Donald Knuth）在他的名著《计算机程序设计艺术》中曾经表示，平衡三进制是最美的数学体系。这不仅因为任何整数都可以通过加减 3 的幂得到（小货郎的天平法），而且和二进制的"非黑即白"的二态性相比，平衡三进制还提供了一个平衡态 0，即我们在平衡三进制中除了可以用 -1 和 1 来表示确定的两个状态，还可以用 0 来表示"不确定"。很显然，和二态性相比，这种三态性更符合现实中的情况，也更适合描述现实世界。

既然三进制比二进制更高效，为什么计算机采用的都是二进制呢？

事实上，在人类历史中确实存在着使用三进制设计计算机的努力。因为三进制在理论上更为高效，苏联的科学家曾经在长达 20 年的时间里试图在三进制计算机领域取得突破。1958 年，第一台三进制计算机 Setun 由谢尔盖·索博列夫（Sergei Sobolev）和尼古拉·布鲁先佐夫（Nikolay Brusentsov）设计成功。1960 年，Setun 通过公测，并投入批量生产。直到 20 世纪 70 年代末，二进制计算机凭借其在电压高低、电路开关二态性方面的天然优势几乎占据了整个市场之后，苏联对三进制计算机的研发才终止。

由此可见，用不同基数的数制来表示十进制数，有时候会给我们带来不同的思路，达到简化问题和计算过程的目的。

下面是一道经典的智力题：工厂生产了 10 批乒乓球，质量合格的乒乓球每个重 2.7 克，已知 10 批产品中有 1 批出了质量问题，这批乒乓球每个都重 2.8 克，请问如何使用天平，只称一次就能知道是哪批产品不合格？

这道题目相信很多小学生都会做，做法是将 10 批产品依次编为 1 ～ 10 号，再依次从 1 号批次产品中取出 1 个乒乓球，2 号批次产品中取出 2 个乒乓球，依此类推，10 号批次产品中取出 10 个乒乓球，然后将这 55 个乒乓球一起放在天平上称重，将实际质量减去 55 个乒乓球的核定质量（2.7×55=148.5 克）得到超出质量，再将超出质量除以 0.1 得到超重乒乓球数。如果超重乒乓球数为 1，就表示 1 号批次产品不合格；如果超重乒乓球数为 2，就表示 2 号批次产品不合格……如果超重乒乓球数为 10，就表示 10 号批次产品不合格。

现在我们将题目的条件改一下：已知不止一个批次的产品出了质量问题，所有问题批次的乒乓球每个重量都是 2.8 克，其他合格批次的乒乓球每个重量都是 2.7 克，如何通过天平称一次，就能知道哪几个批次质量不合格呢？

显然，用老办法解决不了新问题：如果最后得到超重乒乓球数为 5，究竟是 5 号批次的产品出了问题，还是 2 号批次和 3 号批次的产品都出了问题，我们不得而知。

这个时候，我们需要改变每个批次乒乓球的称重数量：按照二进制的思想，可以从 1 号批次产品中取出 1 个乒乓球，2 号批次产品中取出 2 个乒乓球，3 号批次产品中取出 4 个乒乓球，依此类推，10 号批次产品中取出 512 个乒乓球，然后将这总共 1023 个乒乓球一起称重，将实际重量减去 1023 个乒乓球的核定质量（2.7×1023=2762.1 克）得到超出重量，再除以 0.1 得到超重乒乓球个数。此时，如果超重乒乓球数为 1，就表示 1 号批次产品不合格；如果超重乒乓球数为 2，就表示 2 号批次产品不合格；如果超重乒乓球数为 3，就表示 1 号和 2 号批次产品都不合格。也就是说，**如果把超重乒乓球数用二进制表示，从右到左的数位分别表示 1 号、2 号……10 号批次产品，哪个数位上数字为 1 就表示哪个批次的产品不合格。**

这个解法的精妙之处在于，通过将第 n 个批次的乒乓球取样个数从线性的 n 改为指数的 2^{n-1}，避免了线性组合带来的不确定性。因为指数取样法中不可能出现进位叠加，这样就保证了二进制表示的唯一性，可以准确地将不合格产品的批次定位出来。

另外一道经典的"小白鼠试药"问题也很好地体现了二进制的威力。题目是这样的：有 1000 个外表一模一样的瓶子，其中 999 瓶中装的是普通的水，只有一个瓶子装的是毒药，小白鼠喝了水会平安无事，喝了毒药的话哪怕只喝了一点点也将在一天内死去。现在你有 10 只小白鼠，如何在一天的时间内找出哪个瓶子里装的是毒药？

这道题目的解答是非常经典的。将瓶子依次编号为 0 ~ 999，然后将编号转换为 10 个数位的二进制编号，比如 12 号瓶的二进制编号为 $(0000001100)_2$，311 号瓶的二进制编号为 $(0100110111)_2$。然后将小白鼠也编为 1 ~ 10 号，1 号小白鼠依次走过所有的瓶子，如果瓶子的二进制编号的右起第 1 数位（即二进制最低位）为 1 就喝上一口，如果数位为 0 就跳过；2 号小白鼠依次走过所有的瓶子，如果瓶子的二进制编号的右起第 2 数位为 1 就喝上一口，如果数位为 0 就跳过……依此类推，10 号小白鼠依次走过所有的瓶子，如果瓶子的二进制编号的右起第 10 数位（即二进制最高位）为 1 就喝上一口，如果数位为 0 就跳过。

这样到了第二天，10 只小白鼠中有一些平安无事，其他的小白鼠中毒身亡。我们将小白鼠按照 1 ~ 10 的编号从右到左排列，如果平安无事就在数位上记 0，如果中毒身亡就记 1，这样我们得到一个 10 个数位的二进制数，这个二进制数就是装有毒药瓶子的二进制编号。

举例来说，我们假设 311 号瓶装的是毒药，其二进制编号为 $(0100110111)_2$，根据上述规则，1 号、2 号、3 号、5 号、6 号、9 号小白鼠都喝了这个瓶子装的毒药，而 4 号、7 号、8 号和 10 号小白鼠都将跳过这个瓶子。因此在第二天，1 号、2 号、3 号、5 号、6 号、9 号小白鼠都中毒身亡，相应地将这几只小白鼠对应的数位标记为 1，其他数位标记为 0，我们就能得到 $(0100110111)_2$，即推出 311 号瓶子里装的是毒药（表 1.1.2）。

表 1.1.2 "小白鼠试药"示例

	0	1	0	0	1	1	0	1	1	1
	10号白鼠	9号白鼠	8号白鼠	7号白鼠	6号白鼠	5号白鼠	4号白鼠	3号白鼠	2号白鼠	1号白鼠
0 号瓶二进制编码	0	0	0	0	0	0	0	0	0	0
1 号瓶二进制编码	0	0	0	0	0	0	0	0	0	1
2 号瓶二进制编码	0	0	0	0	0	0	0	0	1	0
3 号瓶二进制编码	0	0	0	0	0	0	0	0	1	1
⋮										
311 号瓶二进制编码	0	1	0	0	1	1	0	1	1	1
⋮										
999 号瓶二进制编码	1	1	1	1	1	0	0	1	1	0

现在，我们再进一步：如果你有两天的时间，有时间进行两轮试药，同样要在1000个瓶子里找出唯一的一瓶毒药，**最少需要几只小白鼠呢？**

9只小白鼠可以吗？9只小白鼠可以占据9个数位，9个数位的二进制数最大为511；也就是说，按照老办法，9只小白鼠在第一天可以测试512个瓶子[1]。如果毒药瓶在这512个瓶子中，那么第一天就能被找到；如果毒药瓶在剩下的488瓶中，那么9只小白鼠平安无事，第二天仍然可以用于最多512瓶的测试，而因为第二天只剩下488瓶，所以任务可以圆满完成。

那么8只呢？8只小白鼠可以占据8个数位，8个数位的二进制数最大为255；也就是说，按照老办法，8只小白鼠在第一天可以测试256个瓶子。如果毒药瓶在这256个瓶子中，那么第一天就能被找到；但如果毒药瓶在剩下的744瓶中，那么即便第二天我们还有8只平安无事的小白鼠，它们在一天中最多也只能完成256个瓶子的测试，而剩下的未知瓶子还有488个，所以按照老办法我们无法完成任务。

那么有没有别的办法呢？

有！我们可以利用三进制，利用三进制编码的方法，我们只需要7只小白鼠就能在两天内找到装有毒药的瓶子。

具体做法是这样的。类似地，将1000个瓶子进行三进制编码，因为 $3^7 = 2187$，所以这个三进制编码总共有7位。同样将小白鼠编为 $1 \sim 7$ 号，1号小白鼠依次走过所有的瓶子，如果瓶子的三进制编号的右起第1数位为2就喝上一口，如果数位为0或者1就跳过；2号小白鼠依次走过所有的瓶子，如果瓶子的三进制编号的右起第2数位为2就喝上一口，如果数位为0或者1就跳过……依此类推。这样，在第二天统计小白鼠的健康状况时，如果某个数位对应的小白鼠死去，就表示有毒药瓶子的三进制编码在该数位上为2；如果某个数位对应的小白鼠还活着，就表示有毒药瓶子的三进制编码在该数位上为0或者1。然后在第二天，用幸存的小白鼠继续在它们所在的数位试药，在第二轮的试药中，让每只活着的小白鼠尝试自己对应数位上三进制编号为1的瓶子。如果小白鼠死去，说明有毒药瓶子的三进制编码在该数位上为1；如果小白鼠幸存，说明该数位为0。这样，经过两轮试药，有毒药瓶子三进制编码的所有数位都将被唯一确定，我们就能知道

---

[1] $0 \sim 511$ 编号下共有512个瓶子。

哪个瓶子装有毒药。

不失一般性，如果有 $b-1$ 天时间，那么根据类似的方法只需要 n 只小白鼠就能从 b^n 个瓶子里找出唯一装有毒药的瓶子来。仔细看看这个公式，是不是和底数经济度 $E(b, N)$ 的公式很相似呢？

彩蛋问题

二进制整数 $(111)_2$ 和三进制整数 $(222)_3$ 哪个更大？据此推断一下，二进制无限循环小数 $(0.1111\cdots)_2$ 和三进制无限循环小数 $(0.2222\cdots)_3$ 哪个更大？

本节术语

数的进位制： 利用进位制，可以使用有限个不同的数字符号来表示所有的数值。在一种进位制中，使用的不同数字符号的数目被称为这种进位制的基数或底数。如果一个进位制的基数为 n，那么这个进位制被称为 n 进位制，或者 n 进制。

二进制： 指以 2 为基数的记数系统。在二进制中，通常用一串数字 0 和 1 来表示某个整数。在数字电子电路中，逻辑门采用了二进制，现代的计算机系统都用到了二进制。

底数经济度： 记作 $E(b, N)$，指的是对于基数（底数）b 来说，数 N 所需要的开销。

三进制的平衡表示法： 也称为对称三进制，是一种以 3 为基数，以 -1、0、1 为数码的三进制记数体系。

 **1.2 猜先的小和尚**

"无可奈何花落去，似曾相识燕归来。"

——曼殊《浣溪沙·一曲新词酒一杯》

天峰山上已是初夏时节。微风吹过，乌有寺前的桃花纷纷飘落。小和尚将石桌上的花瓣细细扫去，沏上一壶香茗，又将棋具摆好，在黑棋一侧坐下，静静等候老和尚的到来。

很久以来，课诵之后下一盘棋已经成了乌有寺两位主人之间固有的娱乐活动。这么多年下来，桃树的树冠长成了石桌的伞盖，老和尚的眉梢已然发白，小和尚的棋艺也已经从屡战屡败长进到了能和老和尚大致两分——甚至，执黑棋时的赢面还要稍许大一点儿。

"还是老规矩。"老和尚抓起一把白子握在手心，然后伸出手笑眯眯地看着小和尚。小和尚默默拈起一颗黑子，放在棋盘上。老和尚打开手掌，里面躺着 5 颗白子。

又猜对了！小和尚开心地拿起黑子，走下自己的第一步。

老和尚手中握着奇数个白子，小和尚拿出一颗黑子，表示猜为奇数，是为猜对；如果小和尚拿出两颗黑子，表示猜为偶数，那么将猜错。猜对者执黑子先行，猜错者执白子，这就是围棋中的猜先。

换个说法，考虑双方拿出的黑子和白子数目之和，如果和为偶数则表明猜对，如果和为奇数则表明猜错。因为奇数加奇数为偶数，偶数加偶数也为偶数，也就是因为同为奇数和同为偶数的两个数的和都是偶数，只有奇数加偶数时和才会为奇数。

在对奇数和偶数的长期使用中，人们渐渐地在文化传统方面形成了一定的偏好，而这种偏好在不同国家或者不同文化中不尽相同。整体上，中国人更喜欢偶数，认为"好事成双"，反之，"形单影只"就显得很凄凉。所以在我们的传统文化中，对联是两联，律诗是八句，送礼要送双数，结婚也要用双喜字。当年"飞将军"李广戎马一生，战功无数，却始终得不到汉武帝的青睐，汉武帝给出的理由是"李广老，数奇"，意思是李广除了年龄大以外，命数也不吉利。不过，凡事都有例外，比如因为发音的原因，4 这个偶数就不怎么受欢迎；又比如因为十进制的数字中 9 是最大的，所以 9 这个奇数往往代表着尊贵和权威。

在日本，人们的偏好恰恰相反，他们在整体上更喜欢奇数。日本人送礼一般送奇数个，比如 3 个茶杯——理由很简单：因为偶数可分，奇数不可分（在数学上没毛病）。所以遇到日本朋友结婚，你千万不能按照中国人的习惯送一对礼物。日本人喜欢的奇数也反映在节日上，每年的 3 月 3 日是女孩节，5 月 5 日是男孩节，再加上从中国文化中引入的七夕节和重阳节，几乎每个奇数都被用在了节日上。有意思的是，在诗歌上日本人也表现出了对奇数的喜爱，和中国的律诗不同，日本俳句共 17 个字音，分为 3 句，每句的字音数分别是 5、7、5。你看，这些全是奇数。

在数学上，奇数和偶数是组成自然数乃至整数的基本单位。自然数是人们认识的所有数中最基本的一类数，也是自然和生活中最常见的一类数。自然数可以分为奇数和偶数，其中偶数能够被 2 整除，而奇数不能被 2 整除。

所以，**数的奇偶性（parity）是自然数最基本的特性之一**。

在四则运算和幂运算中，奇偶性的变化一直是自然数和整数的基本性质之一。

（1）奇数＋奇数＝偶数；偶数＋偶数＝偶数；奇数＋偶数＝奇数（围棋的猜先）。

（2）两个整数之和与这两个整数之差的奇偶性相同。

（3）奇数 × 奇数＝奇数；偶数 × 偶数＝偶数；奇数 × 偶数＝偶数。

（4）若干个整数之积为奇数，则这些数必然全为奇数；若干个整数之积为偶数，则这些数中至少有一个是偶数。

（5）两个整数之和是奇数，则这两个整数的奇偶性相反；两个整数之和是偶数，则这两个整数的奇偶性相同。

（6）若干个整数之和为奇数，则这些数中必然存在奇数，且奇数的个数为奇数个；若干个整数之和为偶数，则如果这些数中有奇数，那么奇数的个数必然为偶数个。

……（考虑到我国的传统，这里只列出偶数条性质。）

这些性质看起来很简单，在不少组合数学的问题中却有着很大用处。不过，要将奇偶性很好地应用在组合数学问题中，通常我们还需要先将组合问题抽象化，建立起合适的数学模型。

比如最常见的跳马问题：在国际象棋（或者中国象棋）的棋盘上，马能不能通过跳奇数次回到它原来的位置？不论是国际象棋还是中国象棋，马的跳法都以"日"字为基础。我们以国际象棋为例，因为它的棋盘更容易让人理解如何使用数的奇偶性。

在国际象棋的棋盘上，不论马跳向哪个方向，其所在格子的颜色都会发生变化。比如图 1.2.1 所示的棋盘中，跳一次后，黑马所在的格子一定会从白色变成黑色。如果再跳一次，黑马所在的格子的颜色一定会再次发生变化，从黑色又变回成白色。

如果我们把图 1.2.1 中格子的白色看成偶数，黑色看成奇数，那么可以发现**每跳一次，马所在格子的奇偶性就会发生一次变化**。所以，图 1.2.1 中的黑马跳完奇数次以后，它所在的格子一定是黑色格子（奇数）；这只黑马跳完偶数次以后，它所在的格子一定是白色格子（偶数）。换言之，如果要让黑马跳回原来所在的白色格子（偶数），那么它其间所跳的次数必然是偶数；如果黑马跳了奇数次，因为它出发时所在的格子为白色，所以无论它途中向哪个方向跳，最后一定会停留在奇数即黑色格子上，无法回到原来的白色格子上。

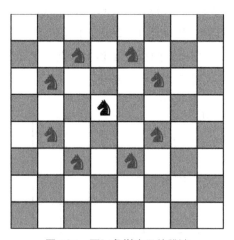

图 1.2.1　国际象棋中马的跳法

在跳马问题中，每一步过后奇偶性都会发生变化，所以要使得最后结果的奇偶性不变，就必须经过偶数步。在另一些问题中，每一步或者每一次操作后某个计数的奇偶性保持不变，那么在若干次操作之后，这个计数最后的奇偶性也不会变化。

比如握手问题：在某个聚会的人群中，握过奇数次手的人总是有偶数个。这句话念起来有些拗口，但念几遍后应该不难理解。最开始参加聚会的每个人都没有和其他人握过手，所以每个人的握手次数都为0，所有人握手次数总和也为0。现在，人们开始互相握手，每发生一次握手都涉及握手的双方，所以这两个人各自的握手次数都增加1，所有人握手次数总和增加2。在若干次握手之后，每个人握手的次数有多有少，可能是奇数，也可能是偶数，但所有人握手次数总和一定是偶数，**因为每发生一次握手，不论发生在哪两个人之间，所有人握手次数的总和总是增加2，它的奇偶性在整个过程中不会发生变化。**根据奇偶性基本性质第6条：若干个整数之和为偶数，则如果这些数中有奇数，那么奇数的个数必然为偶数个。所以，我们可以得出"聚会中握过奇数次手的人总是有偶数个"的结论。

再来看一道格子题。将正方形$ABCD$分成n^2个大小一样的小正方形，然后对所有小正方形的顶点进行涂色，将位于对角线位置的A、C两点涂成红色，B、D两点涂成蓝色，其他小正方形的顶点任意涂成红色和蓝色中的一种。试证明，恰有3个顶点颜色相同的小正方形的个数必然是偶数。

一个正方形有4个顶点，任意涂2种颜色，只可能存在3种情况：4个顶点同一种颜色；3个顶点同一种颜色，另一个顶点另一种颜色；2个顶点一种颜色，另2个顶点一种颜色。同时，我们还注意到，某些顶点分属多个小正方形，这些顶点的颜色将被多次计算。比如图1.2.2中左上角的小正方形，顶点A只属于这个小正方形，位于大正方形边上的顶点X和Y分别属于2个小正方形，而位于大正方形内部的顶点Z则分属于4个小正方形。

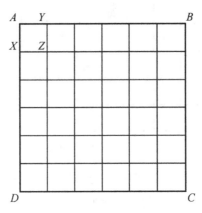

图 1.2.2　方格涂色问题

我们把涂成红色的顶点记为0，涂成蓝色的顶点记为1，将每个小正方形编号为$1 \sim n^2$。设第i个小正方形的4个顶点的数字之和为S_i，那么根据上面的分析，恰有 3 个顶点同色的小正方形其 S 的值要么为 1（3 个红色顶点），要么为 3（3 个蓝色顶点），即必然为奇数；有 4 个顶点或者 2 个顶点同色的小正方形其 S 的值要么为 0（4 个红色顶点），要么为 2（2 个红色顶点，2 个蓝色顶点），要么为 4（4 个蓝色顶点），即必然为偶数。

现在考虑所有小正方形 S 值的和：

$$\sum S = S_1 + S_2 + \cdots + S_{n^2} \tag{1.2.1}$$

因为红色顶点的值为 0，所以这里只考虑蓝色顶点。设大正方形内部的蓝色顶点共有 p 个，因为每一个顶点分属 4 个小正方形，所以它们在 $\sum S$ 中分别被计算了 4 次，它们的贡献是 $4p$；设大正方形边上的蓝色顶点（不包括 B 和 D 点）共有 q 个，因为每一个顶点分属 2 个小正方形，所以它们在 $\sum S$ 中分别被计算了 2 次，它们的贡献是 $2q$；再加上 B 和 D 点，分别只被计算过 1 次，所以有

$$\sum S = 4p + 2q + 2$$

因为 p 和 q 都是整数，所以 $\sum S$ 一定是偶数，又因为式 (1.2.1)，所以证明了所有 n^2 个小正方形中，S 为奇数的小正方形的个数一定为偶数，即恰有 3 个顶点颜色相同的小正方形的个数必然是偶数。

除了跳马、握手、方格涂色这类比较"直观"的问题，数论和组合数学问题也经常用到自然数的奇偶性。

假设有 2021 个自然数，如果任意去掉其中一个数后，剩下的 2020 个数总是可以有办法分为两组，每组 1010 个数，使得这两组数字的和相等。试证明，原来的 2021 个数是相等的 2021 个数。

首先来分析一下这些数字的奇偶性。将这 2021 个数记为 a_i，$i = 1, \cdots, 2021$，假设去掉 a_{2021}，剩下的 2020 个数字分为两组，两组数字的和分别为 S_1 和 S_2，使得 $S_1 = S_2$，那么有

$$S_1 + S_2 = 2S_2$$

这说明去掉 a_{2021} 这个数后，其他 2020 个数字的和为偶数。

考虑到去掉数字的任意性，我们可以得出结论：这 2021 个数字的奇偶性相同，即要么是 2021 个奇数，要么是 2021 个偶数。这个结论很好证明：假设这 2021 个数字中存在奇偶性不同的两个数字，不妨设为 a_p 和 a_q，设其他 2019 个数字之和为 S_r。根据题意，在去掉 a_p 的情况下，$a_q + S_r$ 是个偶数；在去掉 a_q 的情况下，$a_p + S_r$ 也是个偶数；所以 $a_q + S_r + a_p + S_r = a_q + a_p + 2S_r$ 是个偶数，这说明 a_p

和 a_q 奇偶性相同，与假设条件矛盾。

现在，不妨设 a_i 中最小的一个数为 a_1，令 $b_i = a_i - a_1$，因为 a_1 和 a_i 奇偶性相同，所以 b_i 一定为偶数，而且 $b_1 = 0$。同时，因为 $S_1 - 1010a_1 = S_2 - 1010a_1$，所以新得到的这 2021 个数 b_i 仍然具有符合题意的性质，即从 b_i 中任意去掉一个数后，剩下的 2020 个数总能分成两组，使得其和相等。

既然 b_i 一定为偶数，不妨令 $c_i = \dfrac{b_i}{2}$，且有 $c_1 = 0$。同时，因为 $\dfrac{S_1}{2} = \dfrac{S_1}{2}$，所以新得到的这 2021 个数 c_i 同样具有符合题意的性质，因此 c_i 也都是偶数。由此可知，如果继续对 c_i 做除以 2 的操作，新得到的 2021 个数仍然具有符合题意的性质，这个操作可以无限地进行下去，每次操作后得到的 2021 个数一直具有符合题意的性质。而我们知道，一个有限大小的整数中 2 的因子的个数是有限的，除非它等于 0。

综上所述，我们可以得出 $b_i = 0$ 的结论，即不仅 $b_1 = 0$，实际上所有的 b_i 都等于 0。然后从 $b_i = a_i - a_1$ 反推，得出所有的 a_i 都相等，即原来的 2021 个数是相等的 2021 个数。原题得证。

最后，让我们来看看奇偶性在另外一道组合题中的应用。

假设有 $1, 2, 3, \cdots, 2017, 2018, 1, 2, 3, \cdots, 2017, 2018$ 一共 4036 个数，能否将这些数字以某种顺序排成一排，使得两个数字 1 之间恰好夹有 1 个数字，两个数字 2 之间恰好夹有 2 个数字……两个数字 2018 之间恰好夹有 2018 个数字？

答案是不可以。

假设按照某种顺序可以实现题意要求，我们把这 4036 个位置从左到右用 1 ~ 4036 编号，同时，用 $i = 1, 2, \cdots, 2018$ 表示 1 ~ 2018 的某个数，显然每一个数 i 在这个排列中都占有两个位置，设靠左的位置为 a_i，靠右的位置为 b_i，易知 $1 \leqslant a_i < b_i \leqslant 4036$；又因为两个数 i 之间夹有 i 个位置，所以有

$$b_i - a_i = i + 1$$

1 ~ 2018 中共有 1009 个偶数，对于某个偶数 i，$i+1$ 为奇数，所以 a_i 和 b_i 奇偶性不同，即两个数 i 一个占据了偶数位，一个占据了奇数位。对于这 1009 对偶数来说，它们一共占据了 1009 个偶数位和 1009 个奇数位。

此外，1 ~ 2018 中还有 1009 个奇数，对于某个奇数 i，$i+1$ 为偶数，所以 a_i 和 b_i 奇偶性相同，即两个数 i 要么一起占据了偶数位，要么一起占据了奇数位。不妨设在这 1009 对奇数中，一起占据了奇数位的奇数有 k 个，它们一共占据了

$2k$ 个奇数位。

　　综合起来看，总共 4036 个位置中共有 2018 个奇数位，其中 1009 个奇数位被偶数所占据，$2k$ 个奇数位被奇数所占据。所以有

$$2018 = 1009 + 2k$$

　　显然，对于整数 k，等式左边为偶数，而右边一定为奇数，等式不可能成立。因此，符合题意的排列是不存在的。

本节术语

　　奇偶性： 是整数的一种基本性质，整数的奇偶性在其四则运算和幂运算中存在基本的传递规则，在组合数学题中常常会利用某种计数的奇偶性变化来解决问题。

　　组合数学： 是组合计数、图论、代数结构、数理逻辑等的总称，主要研究满足一定条件的组态（也称组合模型）的存在、计数以及构造等方面的问题。

1.3 没有烦恼的作家

"Two, three, five, seven. Those are all prime numbers, there's no
way this is a natural phenomenon!"

— Contact

"2，3，5，7。它们都是素数，这不可能只是自然现象！"

——《超时空接触》

作家最大的烦恼之一是什么？据说是写不出来东西。作家最大的烦恼之二是什么？据说是书写出来了，但没人买。虽然我不是作家，但我很能理解这两个烦恼，更何况在很多时候这两个烦恼是一对矛盾：流水账般的稿子虽然如流水般写了出来，但别说没人买，恐怕都难以出版；反过来，那些市场上大卖的书，其背后无一不是无数个"熬灯油"的夜晚。

要想两个烦恼都没有，很难。

不过，有个作家，准确地说是一家出版社，却轻易地完成了一本厚达 719 页的书稿，而且上市 4 天后这本书就脱销了。这家"没有烦恼"的出版社位于日本。2018 年 1 月 13 日，这家叫作虹色社的出版社出版了一本奇特的书（图 1.3.1），书中唯一的内容是当时世界上发现的最大的素数，即 $2^{77232917}-1$，这个巨大的素数一共有 23249425 位，在每页密密麻麻地印上了 3 万多个数字的情况下，这本书仍然用了 719 页才把这个素数写完。

图 1.3.1 《2017 年最大的素数》

我不知道热捧这本书的读者是何心态，在我眼里，这本书最重要的信息其实都在封面上：2017 年最大的素数，第 50 个梅森素数是 M77232917，即 $2^{77232917}-1$。看完这个封面，这本书就可以束之高阁了。

虽然说书稿写得轻巧，但要发现这个素数却很不容易。这个素数的发现者乔纳森·佩斯（Jonathan Pace）并不是一名数学家，他只是住在美国田纳西州的一名联邦快递公司员工，他和成千上万的志愿者一起参与了"互联网梅森素数大搜索"（Great Internet Mersenne Prime Search, GIMPS）项目，在自己的计算机上运行软件，日复一日地进行计算，直到找到了一个新的梅森素数。佩斯是一个依靠计算机找到梅森素数的普通志愿者，而在 GIMPS 项目出现之前，尤其在计算机出现之前，寻找素数是一件相当困难的事情，所以在迄今所有 51 个梅森素数发现者的名单上不乏鼎鼎大名的数学家和先贤，比如柯蒂斯·库珀、拉斐尔·罗宾逊、爱德华·卢卡斯和莱昂哈德·欧拉，也包括传说中发现了当 p 是素数时，许多素数也可以写成 2^p-1 形式的欧几里得。

欧几里得的发现无疑是令人兴奋的，比如 $2^2-1=3$、$2^3-1=7$、$2^5-1=31$、$2^7-1=127$……对于前 4 个素数 p，2^p-1 也是一个素数。这个规律是不是对于所有素数都成立呢，即**对于任何素数 p，2^p-1 也一定是一个素数呢**？400 年前，法国数学家马兰·梅森（Marin Mersenne）带着这个疑问对 257 以内的所有素数 p 计算了 2^p-1，并一一验证结果是否是素数，他发现并不是所有素数都符合这个规律，但这个公式不失为寻找新的素数的捷径之一，这也是今天 GIMPS 项目仍然在用它搜索新的梅森素数的原因。

在计算机出现之前，因为笔算能力的限制，要发现一个素数并不容易，要证明一个数是素数同样不容易。当年，梅森断言 M67 即 $2^{67}-1$ 是一个素数。1903年，在纽约举行的美国数学年会邀请了弗兰克·纳尔逊·科尔（Frank Nelson Cole）作名为《关于大数的因子分解》的报告，这位 40 多岁的数学家被请上台后径直走到黑板前，用粉笔先计算了 $2^{67}-1$ 的结果，然后在另一边算出了 193707721 × 761838257287 的结果，当台下听众看到两个结果完全一样时，纷纷起立鼓掌[1]。这个沉默的报告无声地证明了 M67 是一个合数，后来人们问他证明这个题目用了多长时间，科尔平静地回答说："3 年中的所有星期天。"

比梅森早近 2000 年，欧几里得就发现了自然数的前 4 个素数符合梅森素数的规律，但他没有继续寻找新的梅森素数，而是聪明地发现了梅森素数和完全数之间的关系。

所谓**完全数**（perfect number），又被称为完美数，具有以下特性：完全数的所有真因子（即包括 1 但不包括它本身）之和正好等于它本身。比如 6 是一个完全数，因为 6 = 1 + 2 + 3；28 也是一个完全数，因为 28 = 1 + 2 + 4 + 7 + 14。古希腊人很崇尚完全数，认为它是如此完美，并且稀有。在小于 10000 的自然数中，只

---

[1]　资料来源：维基百科。

有 6、28、496 和 8128 这 4 个完全数，甚至到今天为止，人们也才发现了 51 个完全数。

虽然完全数是个合数，是个完美的合数，但它的背后却隐藏着素数的身影。欧几里得发现的是完全数和素数直接的关系，他在《几何原本》中指出，如果 2^p-1 是一个素数，那么 $2^{p-1}(2^p-1)$ 一定是一个完全数。比如，$2^{2-1} \times (2^2-1)= 6$ 就是一个完全数，$2^{3-1} \times (2^3-1)= 28$ 也是一个完全数。欧几里得虽然不知道有多少个梅森素数，但他知道每一个梅森素数都对应了一个完全数，所以迄今一共发现了 51 个梅森素数，也一共发现了 51 个完全数。

下面我们来证明欧几里得的结论。

设 $q=2^p-1$ 是个素数，那么 $2^{p-1}(2^p-1)$ 即 $2^{p-1} \cdot q$ 的质因子只有两种，即 2 和 q，所以 $2^{p-1} \cdot q$ 的真因子分别为 $1, 2, 2^2, \cdots, 2^{p-1}, q, 2q, 2^2q, \cdots, 2^{p-2}q$。它们的和为

$$S =(1+2+2^2+\cdots +2^{p-1})+ q (1+2+2^2 +\cdots+ 2^{p-2}) = (2^p-1)+ q(2^{p-1}-1) = 2^{p-1}(2^p-1)$$

因此，$2^{p-1}(2^p-1)$ 是一个完全数。

欧几里得的完全数公式中，(2^p-1) 是梅森素数，而 2^{p-1} 也是个神奇的数字，因为它和费马小定理有关。

费马小定理认为，如果 p 是一个素数，那么对于**任意一个整数** a，都有 $a^p \equiv a(\bmod\ p)$；或者，当 p **不能整除** a 时，$a^{p-1} \equiv 1(\bmod\ p)$。

费马小定理可以方便地用于同余关系的降幂。比如要计算 $2^{3000}\ \bmod\ 17$，一种做法是观察到 16 和 17 互质，将 2^{3000} 变为 $(2^4)^{750}$，这样 $(2^4)^{750} =(16)^{750} \equiv (-1)^{750}(\bmod\ 17) \equiv 1(\bmod\ 17)$；另一种做法是直接用费马小定理降幂，因为 $17-1= 16$，所以 $2^{3000}=(2^{16})^{187} \times 2^8 \equiv 1 \times 2^8(\bmod\ 17) \equiv 256(\bmod\ 17) \equiv 1(\bmod\ 17)$。显然，后一种做法不依赖于 16 和 17 互质的关系，更具有普适性。

我们来看一道可以利用费马小定理证明的例题。

如果有一个自然数 n，对于任一使得 $n\,|\,a^n-1$ 成立的整数 a 来说都有 $n^2\,|\,a^n-1$ 成立的话，我们称 n 为强数 [2]。比如 2 是强数，因为当 a^2-1 是偶数时，a 是奇数，使得 $a^2-1=(a-1)(a+1)$ 可以被 4 整除。又比如 4 不是强数，因为 3^2-1 可以被 4 整除，但不能被 16 整除。

试证明：

---

[2] 符号"|"表示整除。

（1）所有的素数都是强数；

（2）有无限多个合数也是强数。

第 1 问：设 p 是素数，a 是整数，根据费马小定理一定有 $p \mid a^p-a$。根据题意 $p \mid a^p-1$ 也成立，结合起来得到 $a \equiv 1(\bmod\ p)$。

令 $a = kp+1$，k 为整数，考虑 a^p 的二项式展开，

$a^p=(kp+1)^p = k^p p^p + p \cdot k^{p-1} p^{p-1} + \cdots + p \cdot kp+1$，$a^p-1=p^2(k^p p^{p-2}+p \cdot k^{p-1}p^{p-3}+\cdots+k)$

因为 p 是素数，$p \geqslant 2$，所以 $p-2 \geqslant 0$，$p^2 \mid a^p-1$，即 p 是强数。

第 2 问：考虑 $n = pq$，其中 p 和 q 是两个不同的素数。

如果有 $n \mid a^n-1$，即 $a^n \equiv 1(\bmod\ n)$，$a^n \equiv 1(\bmod\ pq)$，则分别有 $a^n \equiv 1(\bmod\ p)$ 和 $a^n \equiv 1(\bmod\ q)$，即 $p \mid a^n-1$ 和 $q \mid a^n-1$。

$p \mid a^n-1 => p \mid a^{pq}-1 => p \mid (a^q)^p-1$，$p$ 是素数，根据第 1 问的结论，可以推出 $p^2 \mid (a^q)^p-1$，即

$$p^2 \mid a^n-1 \tag{1.3.1}$$

同理，

$$q \mid a^n-1 \Rightarrow q^2 \mid a^n-1 \tag{1.3.2}$$

因为 p 和 q 是两个不同的素数，p^2 和 q^2 互质，所以从式 (1.3.1) 和式 (1.3.2) 可以得出 $p^2 q^2 \mid a^n-1$，即 $(pq)^2 \mid a^n-1$，$n^2 \mid a^n-1$，即 n 是强数。

因为 p 和 q 有无穷多个，$n = pq$ 是合数，所以存在无穷多个合数是强数。

欧几里得虽然没有得出梅森素数有无穷多个的结论，但他证明了素数存在无穷多个，而且他用的反证法非常精美、巧妙。

假设素数是有限多个的，那么一定存在着一个最大的素数，设其为 p。将所有的素数相乘，并加上 1，得到一个数 $q = 2 \times 3 \times 5 \times 7 \times 11 \times \cdots \times p + 1$。很显然，$q$ 不可能被 2 整除，也不可能被 3 整除……也不可能被 p 整除，即 q 不能被所有的素数整除，因此 q 也应该是素数；同时，很显然 $q > p$，这与 p 是最大的素数相矛盾。因此，素数是有无穷多个的。

这个巧妙的思路也可以用来回答下面这个问题：是否存在连续 2020 个自然数都不是素数？

类似于欧几里得采用的方法，我们可以巧妙地构造一个数 2021!，然后宣称从 2021! + 2 开始，直到 2021! + 2021 为止，这 2020 个数一定是合数。其实这个数字一写出来，大家就都看明白了，因为 2021! 里包含了 2 ～ 2021 所有 2020 个

因子，所以 2021! 加上任何一个 2 ～ 2021 的数的和，都能被这个数整除，因此这个和一定是合数。

实际上，2020 这个数字被任何一个整数 n 代替的话，结论依然成立，也就是说，两个相邻素数之间的间隔 n 可以非常大，甚至可以任意大。但同时我们也应该看到，这串合数的起点 $n! + 2$ 将更大。因此，虽然两个相邻素数之间的间隔可以无限大，但这个间隔不可能大于这个初始的数。

类似的结论在 1850 年被俄国数学家切比雪夫证明，即对于自然数 $n > 3$，一定存在至少一个素数 p，满足 $n < p < 2n-2$。这就是所谓切比雪夫素数定理。

虽然欧几里得证明了素数有无穷多个，但素数的分布规律至今都是个悬而未决的难题。

两个相邻素数之间的间隔可以任意大，也可以足够小。因为 2 是唯一的偶素数，所以 2 和 3 是唯一间隔为 1 的素数对。而间隔为 2 的素数对就很常见了，比如 3 和 5、5 和 7……71 和 73 等，我们把这种间隔为 2 的素数对称为孪生素数。有意思的是，虽然对于越大的自然数，素数的分布越稀疏，但孪生素数却始终会出现。因此，数学家们猜想，孪生素数也有无穷多对，这就是著名的孪生素数猜想。到今天为止，我们已知最大的孪生素数对为 $2996863034895 \times 2^{1290000} \pm 1$，它们有 388342 位，但孪生素数猜想还未被证明。华裔数学家张益唐证明了存在无穷多对相差小于 7000 万的素数，虽然 2 和 7000 万相差太大，但对于无穷大来说，间隔 7000 万其实已经很接近于间隔 2 了。

任何猜想的结局只有两种，一种是被证明，一种是被证伪。历史上有很多数学家对素数的分布做出过很多猜想，其结局也同样无外乎被证明或者被证伪。

费马曾经发现 2 的迭代幂 2^{2^n} 似乎和素数有着对应关系，他把这些数叫作费马数 F_n。比如，

$$F_0 = 2^{2^0} + 1 = 3$$
$$F_1 = 2^{2^1} + 1 = 5$$
$$F_2 = 2^{2^2} + 1 = 17$$
$$\cdots$$

费马一直验算到 $F_4 = 65537$，得到的前 5 个费马数都是素数，因此他猜想诸如 $2^{2^n}+1$ 形式的数都是素数。

费马死后 67 年，25 岁的欧拉计算出 $F_5 = 641 \times 6700417$ 是一个合数，证伪了费马数是素数的猜想。

尽管如此，费马数还是会偶尔出现在今天的数学竞赛题中。例如：试证明方程 $xy + x + y = 2^{32} - 1$ 存在正整数解。因为 $2^{32} = 2^{2^5}$，我们知道 F_5 是一个合数，所以 $(x+1)(y+1) = xy + x + y + 1 = 2^{32}$ 一定可以分解成两个自然数的乘积，x 和 y 一定有自然数解。具体来说，根据 25 岁的欧拉给出的因子分解，x 和 y 可以是 $(640, 6700416)$ 或者 $(6700416, 640)$。

证伪了费马数的欧拉也对素数的分布有着浓厚的兴趣，他发现对于小于 40 的所有自然数 n，其多项式 $n^2 + n + 41$ 的值都是素数。比如，当 n 等于 $0,1,2,3,\cdots$ 时，这个多项式的值分别对应于 $41,43,47,53,\cdots$。欧拉公式是被证明了的，但它有个前提条件，即 $n < 40$。当 $n = 40$ 时，$n^2 + n + 41 = 40 \times 41 + 41$，显然能被 41 整除。

后来的数学家已经证明，对于非常数函数的整数系数多项式，它一定不会是素数公式。换句话说，不存在某个整数系数多项式公式，它的值都是素数。

高斯曾经说过，"数学是科学的皇后，数论是皇后的皇冠"。而人们往往把数论中的一些悬而未决的猜想称为"皇冠上的明珠"，这些目前仍未被证明或者证伪的猜想中很多都和素数分布有关，比如前面提到的孪生素数猜想，又比如著名的哥德巴赫猜想和黎曼猜想。

1900 年，希尔伯特在第二届国际数学家大会上作了题为《数学问题》的演讲，总结了 23 个当时最重要的数学问题，其中第 8 题就提到了孪生素数猜想、哥德巴赫猜想和黎曼猜想。

哥德巴赫猜想是精美的，因为它的表述非常简洁，哥德巴赫在和欧拉的通信中只用了一句话来说明：**任何一个大于 2 的偶数，都可以表示成两个素数之和**。虽然表述如此简单易懂，但自从 1742 年这个猜想被正式提出来，在之后的长达 160 多年间数学家们对证明这个猜想仍然毫无头绪。进入 20 世纪后，虽然数学家们取得了一些进展，比如陈景润证明了一个充分大的偶数要么可以表示为两个素数之和，要么可以表示为一个素数与另两个素数之积的和，又比如在超级计算机的帮助下，数学家们证明了在小于 4×10^{18} 的范围内哥德巴赫猜想没有反例，但哥德巴赫猜想在整体上仍然悬而未决。

1859 年，数学家黎曼提出的黎曼猜想和素数分布有关，黎曼猜想涉及一个超越函数——黎曼 ζ 函数的零点分布：对于黎曼 ζ 函数，其非平凡零点的实数部分

都是 $\frac{1}{2}$。黎曼同时发现素数出现的频率与黎曼 ζ 函数也紧密相关，现在已经验证了最小的 1500000000 个素数都符合与黎曼猜想有关的强条件素数定理，但至今无人能给出黎曼猜想的完整证明，所以是否所有素数都符合这个素数分布仍然是个悬而未决的问题。

　　从 1900 年到现在，已经过去了 120 多年，希尔伯特的 23 个数学问题中的大多数已经得到了解决，但孪生素数猜想、哥德巴赫猜想和黎曼猜想仍然属于那些未被"摘取"的"明珠"，它们在皇冠顶端熠熠生辉，引得无数数学家伸出手去，似乎又是那么遥不可及。

彩蛋问题

　　2018 年 12 月，GIMPS 项目发现了第 51 个梅森素数 M82589933，它等于 $2^{82589933}-1$。如果虹色社采用和 M77232917 相同的版式出版了有关这个新素数的新书，那么这本新书大约有多少页呢？

本节术语

　　梅森素数： 形如 2^n-1 的数被称为梅森数，如果这个梅森数恰好也是一个素数，它就被称为梅森素数。

　　完全数： 又称完美数或完备数，它所有的真因子（即除了自身以外的约数）的和，恰好等于它本身。

　　费马小定理： 对于任意整数 a，p 为素数，那么 $a^p \equiv a \pmod p$。

　　切比雪夫素数定理： 对于自然数 $n > 3$，一定存在至少一个素数 p，满足 $n < p < 2n-2$。

　　孪生素数： 如果两个素数间隔为 2，它们被称为孪生素数。

　　孪生素数猜想： 存在无穷多个素数 p，使得 $p+2$ 也是素数。

　　哥德巴赫猜想： 任一大于 2 的偶数都可写成两个素数之和。

第 **2** 章

数学的音符

在瑞典音乐家哈肯·哈登伯格（又译为霍坎·哈登伯格）的眼中，代数和音乐有着很多共同点、代数就好比是数字的音符。为何意大利的历史上存在着 10 天的空白？为何世界上跑得最快的人永远追不上他前面的乌龟？为何只利用加减乘除运算就可以精确计算到圆周率后几百位？和整数一样、函数也有奇偶性。在本章中，我们将从整数走向分数，从有理数走向无理数、从多边形走向圆，你将学习到不同的分数表示形式、数列和级数的收敛、圆周率的估算，以及函数的各种性质。

2.1 不存在的历史

1582 年 10 月 10 日，意大利历史上发生了哪一件大事？

这几天，罗马教皇格列高利十三世有些烦。

"改，还是不改，这是一个问题。"

改的话，延续了 1000 多年的历法就此作古，教廷将不得不通过更加烦琐的计算公布新的历法；不改的话，每年长出来的一截时间累积到格列高利十三世治下已有 10 天左右，以至于 1582 年的春分在 3 月 11 日就早早到来。

在阿洛伊修斯·里利乌斯（Aloysius Lilius）眼中，延续使用儒略历已经是天文学家们所不能承受之重了。在儒略历中，一年的长度为 365.25 天，即平年每年有 365 天，每 4 年闰 1 天，闰年每年有 366 天。虽然计算简单，但儒略历的年长不够精确，和天文学中地球回归年的时间长度相比误差较大。

根据里利乌斯等人的计算，地球的年长应该在 365.2425 天左右，尽管和现在公认的地球回归年长度 365.2422 天相比仍然有一点点误差，但无疑比儒略历准确不少。具体来说，儒略历每年都要比里利乌斯的计算结果长出 0.0075 天左右，别看这 0.0075 天也就 10 分钟出头，考虑到儒略历从古罗马时期就开始施行，尽管期间有过几次校正，但延续到 16 世纪时累积起来的误差已经有 10 天左右了。

从精确程度上来说，新历法显然要优于儒略历，但从可操作性和人们的接受程度来考虑，如何让新历法的计算做到足够简明呢？

新历法的一年为 365.2425 天，很可惜，0.2425 无法像 0.25 一样简单地化为一个单位分数。

所谓单位分数，就是把单位"1"平均分成若干份，取其中的一份的数，即分子为 1、分母为整数的分数。 因为 0.2425 无法化成一个单位分数，我们便无法依样画葫芦，像儒略历一样通过每隔若干年就闰一天来解决问题。

不过我们知道，任何一个小数（有理数）都能用一个分数来表示。0.2425 可以简单地表示为 $\frac{2425}{10000}$，化简后得到 $\frac{97}{400}$，即每 400 年闰 97 天。那么，如何让这 97 天尽量均匀地分布于这 400 年的范围内呢？

用 400 除以 97，可以得到 4.1237…，如果截去小数部分，就近似得到了儒略历的计算方法，即每 4 年闰 1 天。不妨将这 4 年定义为周期Ⅰ，即每个周期Ⅰ长度为 4 年，闰 1 天。

如果保留 4.1237… 的精确值，将小数部分 0.1237… 取倒数得到 8.0833…，再次截去小数部分得到 8，意味着"每 8 个周期Ⅰ之后要增加一个平年"，因为 8 个周期Ⅰ长度为 $4 \times 8 = 32$ 年，其间闰 8 天，加上增加的 1 个平年，一共 33 年。不妨将这 33 年定义为周期Ⅱ，即每个周期Ⅱ长度为 33 年，闰 8 天。容易发现，和 $\frac{1}{4}$ 相比，$\frac{8}{33}$ 是对 $\frac{97}{400}$ 进行近似得到的一个更为准确的近似值。

$$\frac{8}{33} = 0.\dot{2}\dot{4} = \frac{1}{4.125} = \frac{1}{4 + \frac{1}{8}}$$

再进一步，如果保留 8.0833… 的精确值，将小数部分 0.0833… 取倒数，这时正好可以得到 12。于是，不同于近似值，我们得到了 $\frac{97}{400}$ 或者 0.2425 的另一个精确的分数表示形式。

$$\frac{97}{400} = 0.2425 = \frac{1}{4.123711\cdots} = \frac{1}{4 + \dfrac{1}{8.083333\cdots}} = \frac{1}{4 + \dfrac{1}{8 + \dfrac{1}{12}}}$$

这样的表示形式被称为连分数。所谓**连分数，即一种带分数形式，其分数部分分子为 1，分母为一个整数或者另一个连分数**。从定义可以看出，连分数以一种嵌套的形式存在；很显然，任何有限嵌套的连分数都可以转化为一般的分数表现形式，比如，

$$\frac{1}{4 + \dfrac{1}{8}} = \frac{8}{33}$$

$$\frac{1}{4 + \dfrac{1}{8 + \dfrac{1}{12}}} = \frac{97}{400}$$

虽然用连分数的形式，我们只需要用 3 个整数 4、8 和 12 就能表示出 0.2425 这个小数，但是，用连分数的形式解释新历法的规则仍然是冗长和令人费解的："每 12 个周期Ⅱ之后要增加 1 个周期Ⅰ"。具体来说，12 个周期Ⅱ一共是 $33 \times 12 = 396$ 年，其间闰 $8 \times 12 = 96$ 天；后面加上 1 个周期Ⅰ，长度为 4 年，闰 1 天，因此周期Ⅲ的长度为 400 年，一共闰 97 天。

用这个规则来描述和计算闰年，太复杂了！

为了说服教皇采用新历法，里利乌斯使用了一种类似于古埃及人曾经用过的方法，将 0.2425 写成一种更为简单的分数形式，即

$$0.2425 = \frac{97}{400} = \frac{100-3}{400} = \frac{1}{4} - \frac{3}{400} = \frac{1}{4} - \frac{4-1}{400} = \frac{1}{4} - \frac{1}{100} + \frac{1}{400}$$

在这种形式中，小数 0.2425 被表示成了 3 个单位分数之和或者差。里利乌斯同样只用了 3 个整数 4、100 和 400 ，就表示出了 0.2425 这个小数。

如果只考虑分数相加，那么这种分数形式也被称为**埃及分数，即将一个分数表示为若干个分母各不相同的单位分数之和**。埃及分数的表示形式并不唯一，比如， $\frac{97}{400}$ 用埃及分数可以表示为以下两种不同形式：

$$\frac{97}{400} = \frac{1}{5} + \frac{1}{25} + \frac{1}{400} = \frac{1}{5} + \frac{1}{24} + \frac{1}{1200}$$

和连分数相比，用埃及分数的形式来解释新历法的闰年计算规则就显得简单和明了多了：每 4 年闰 1 天，每 100 年少闰 1 天，每 400 年再多闰 1 天。翻译成我们现在所使用的闰年规则，即以公元纪年为基础，非 4 的倍数的年份为平年，4 的倍数但非 100 的倍数的年份为闰年，100 的倍数但非 400 的倍数的年份为平年，400 的倍数的年份为闰年。

不出意料，教皇格列高利十三世非常满意这种闰年的计算规则，决定立刻采用新历法取代原来的儒略历，新历法也因此被称为格列高利历。为了消除在过去的 1000 多年中儒略历带来的误差，在格列高利历施行的那天，公元纪年从 1582 年 10 月 5 日凌晨直接跳到 1582 年 10 月 15 日凌晨。因此按照意大利采用的历法，公元 1582 年 10 月 5 日到 10 月 14 日这 10 天在历史上是不存在的（图 2.1.1 ）。

儒略历					格列高利历	
1582		十月			**1582**	
周日	周一	周二	周三	周四	周五	周六
		1	2	3	4	**15**	**16**
17	**18**	**19**	**20**	**21**	**22**	**23**
24	**25**	**26**	**27**	**28**	**29**	**30**
31						

图 2.1.1　历史上不存在的 10 天

埃及分数之所以被称为埃及分数，是因为它是目前人类留存的记载中最早的分数形式。1858 年，一个英国人在埃及购得一卷古埃及时代的纸莎草纸，这卷后来被称为《莱因德纸草书》（*Rhind Papyrus*）的文献上记载了 3600 多年前使用的分数的写法。那时候，古埃及人已经掌握了单位分数的概念以及单位

分数和整数之间的倒数关系。不过，他们尚没有理解现代意义上的分数，所以为了表示诸如$\frac{5}{6}$这样的分数，古埃及人采取了多个单位分数相加的形式：$\frac{5}{6}=\frac{1}{2}+\frac{1}{3}$。

现在看来，埃及分数的记法比较烦琐，计算过程中需要进行大量的通分操作。不过，从人类对数学量理解的演化过程来看，古埃及人从整数到对单位"1"进行整分得到单位分数，已经是数学史上的一大进步——更何况，这个过程具有明显的实际意义，比如5个人分食1个饼，每个人应该分得$\frac{1}{5}$个饼。

在更为复杂的情况下，埃及分数甚至可以展现它独特的优势。比如6个人分5个饼，按照现代分数的形式，每个人应该分得$\frac{5}{6}$个饼，那么可以把每个饼都平均分成6份，然后每个人取走5份即可。

按照埃及分数的形式，$\frac{5}{6}=\frac{1}{2}+\frac{1}{3}$，那么可以将3个饼每一个都对半分，另外2个饼每一个都平均分成3份，每个人各取走一份$\frac{1}{2}$和一份$\frac{1}{3}$即可。可以看出，埃及分数的做法使得分饼次数相对少，最后得到的饼块相对大。也许$\frac{5}{6}$的例子还不足以让我们体会到这种优势，那么下面就考虑一个更极端的情形，比如$\frac{23}{24}=\frac{1}{2}+\frac{1}{3}+\frac{1}{8}$，按照现代分数的形式需要将23个饼每一个都分成24份，而按照埃及分数的形式只需要将12个饼每一个都对半分，8个饼每一个都分成3份，3个饼每一个都分成8份即可。

对于那些不可分的物品，埃及分数似乎也能派上用场，比如流传甚广的"老汉分马问题"：一个老汉在临终前宣布自己拥有的16匹马的分配方案，他要求把16匹马的$\frac{1}{2}$分给大儿子，$\frac{1}{3}$分给二儿子，$\frac{1}{18}$分给三儿子。在分马过程中，马不能大卸八块以后再分，否则老汉儿子们分到的就不是马，而是马肉了。

这个脑筋急转弯问题的标准答案：向邻居借了2匹马，这样凑在一起共18匹马，大儿子分得$\frac{1}{2}$即9匹马，二儿子分得$\frac{1}{3}$即6匹马，三儿子分得$\frac{1}{18}$即1匹马，加起来一共分走了16匹马，正好剩下2匹马还给邻居。

之所以说这是一道脑筋急转弯问题，是因为老汉儿子们手中虽然分到了完整的马匹，但就严格的数学意义上来说，他们分得的数量和老汉的分配方案还是有些出入的，比如16匹马的$\frac{1}{2}$应该是8匹马，实际上老大多分到了1匹马，等等。这个例子中严格的数学等式应该为 $\frac{16}{18}=\frac{1}{2}+\frac{1}{3}+\frac{1}{18}$，这说明埃及分数除了可以表示在分饼例子中的 $\frac{n-1}{n}$ 这样的分数，还可以表示 $\frac{16}{18}$ 这样的分数。

而实际上，**任何有理数都可以写成有限长度的埃及分数，即有限长度、分母各不相同的单位分数之和**。更进一步，**任何无理数都可以写成无限长度的埃及分数，即无限长度、分母各不相同的单位分数之和**。这个结论和有理数 / 无理数的小数表达形式有些类似：任何有理数都可以写成有限或者无限循环小数，任何无理数都可以写成无限不循环小数。

这里省去对这个结论的证明过程，我们来看看将一个分数转换成埃及分数的做法。

类似于辗转相除法，我们可以通过反复对这个分数 x 取倒数再向上取整的方法得到埃及分数的一系列分母 d_i，这个做法也叫作恩格尔展开（Engel expansion）。计算方法可以描述为：$x_1=x$，$u_k=\lceil\frac{1}{x_k}\rceil$，$x_{k+1}=x_k u_k-1$，直到某个 $u_k=0$ 停止，其中 $\lceil\ \rceil$ 表示向上取整，最后 $d_i=u_1 u_2\cdots u_i$。

这里具体以 $x=\frac{14}{19}$ 为例，$x_1=\frac{14}{19}$，

$\frac{14}{19}$ 取倒数得 $\frac{19}{14}$，向上取整得 $u_1=2$，$x_2=\frac{14}{19}\times2-1=\frac{9}{19}$；

$\frac{9}{19}$ 取倒数得 $\frac{19}{9}$，向上取整得 $u_2=3$，$x_3=\frac{9}{19}\times3-1=\frac{8}{19}$；

$\frac{8}{19}$ 取倒数得 $\frac{19}{8}$，向上取整得 $u_3=3$，$x_4=\frac{8}{19}\times3-1=\frac{5}{19}$；

$\frac{5}{19}$ 取倒数得 $\frac{19}{5}$，向上取整得 $u_4=4$，$x_5=\frac{5}{19}\times4-1=\frac{1}{19}$；

$\frac{1}{19}$ 取倒数得 19，向上取整得 $u_5=19$，$x_6=\frac{1}{19}\times19-1=0$，停止。

于是 $d_1=2$，$d_2=2\times3=6$，$d_3=2\times3\times3=18$，$d_4=2\times3\times3\times4=72$，$d_5=2\times3\times3\times4\times19=1368$。

最后得到，$\frac{14}{19}=\frac{1}{2}+\frac{1}{6}+\frac{1}{18}+\frac{1}{72}+\frac{1}{1368}$。

可见，古埃及人为了把分数写成埃及分数也很辛苦！

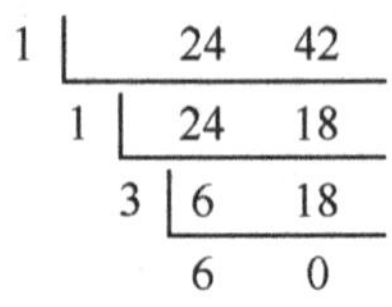

和埃及分数相比，连分数的历史要稍微短一些。据说，连分数最早出现在求两个自然数的最大公约数的辗转相除法中，后者由古希腊的欧几里得在公元前 3 世纪左右发现。比如求 24 和 42 的最大公约数，通过辗转相除法，

```
1 |    24   42
1 |    24   18
   3 |  6    18
        6    0
```

图 2.1.2　用辗转相除法求 24 和 42 的最大公约数

　课堂上来不及思考的数学

得到最大公约数为 6（图 2.1.2）。

我们发现，如果把辗转相除过程中的商 1、1 和 3 拿出来写成连分数形式，就可以表示 $\frac{24}{42}$ 这个分数。

$$\frac{24}{42} = \cfrac{1}{1 + \cfrac{1}{1 + \cfrac{1}{3}}}$$

求最大公约数和求连分数在形式上的不同之处是，前者我们使用的是余数，后者我们使用的是商。易知，任何两个整数都可以通过有限步数的辗转相除法得到最大公约数，所以我们不难得出：**任何有理数都可以写成有限长度的连分数形式。**

同样，**任何无理数都可以写成无限长度的连分数形式。**不过，有意思的是，有些无理数的连分数分母会出现循环现象，而另一些无理数的连分数分母并无什么规律。

考察如下无限连分数 x，

$$x = \cfrac{1}{1 + \cfrac{1}{1 + \cfrac{1}{1 + \cfrac{1}{1 + \cfrac{1}{\cdots}}}}}$$

它的连分数分母为无数个 1。因为其无限性和循环性，所以可以将 x 改写为

$$x = \frac{1}{1 + x}$$

移项后得到 $x^2 + x - 1 = 0$，解得 $x = \dfrac{-1 + \sqrt{5}}{2}$（舍去负根）。

再来看看 π，它的连分数形式也是无限的，但分母上并不存在什么规律。

$$\pi = 3 + \cfrac{1}{7 + \cfrac{1}{15 + \cfrac{1}{1 + \cfrac{1}{292 + \cfrac{1}{1 + \cfrac{1}{1 + \cfrac{1}{\cdots}}}}}}}$$

连分数的最大价值之一在于对分数的近似表示，我们可以通过舍弃连分数中的高级项来对分数进行近似取值，舍弃的项级别越高，得到的近似值和原分数越相近。

以圆周率 π 为例，分别考虑保留 1 项、2 项、3 项和 4 项的结果。

保留 1 项即整数 3，和 π 的差值为 0.1415926…。

保留 2 项为 $3 + \dfrac{1}{7} = 3.1428571\cdots$，和 π 的差值为 0.0012645…。

保留 3 项为 $3 + \dfrac{1}{7 + \dfrac{1}{15}} = 3.1415094\cdots$，和 π 的差值为 -0.0000832…。

保留 4 项为 $3 + \dfrac{1}{7 + \dfrac{1}{15 + \dfrac{1}{1}}} = 3.1415929\cdots$，和 π 的差值为 -0.0000003…。

可见，只需要在连分数中保留 4 项，得到的近似值和 π 的差值就已经小于 1×10^{-6}，可以说非常精确了。

历史上，荷兰的天文学家惠更斯（Christiaan Huygens）在研究土星时发现，土星的公转周期和地球的公转周期之比大约为 29.4571，即土星绕太阳一圈大约需要 29.4571 地球年。如果把 29.4571 用连分数的形式表示，可以得到

$$29.4571 = 29 + \cfrac{1}{2 + \cfrac{1}{5 + \cfrac{1}{3 + \cfrac{1}{18 + \cfrac{1}{1 + \cfrac{1}{2 + \cfrac{1}{1 + \cfrac{1}{3}}}}}}}}$$

这是一个有 9 项的连分数，显然比用小数形式表示还要复杂。

不过在当时，所有的天体模型都是通过齿轮结构连接的。如果以十进制的方式表示 29.45 这样的近似值，惠更斯需要制造两个齿轮，其中一个的齿数为 100，另一个的齿数为 2945，显然这是不现实的。

一个替代的方案就是使用连分数来进行近似。在上面这个连分数中，保留 3 项的近似值为 $29 + \dfrac{1}{2 + \dfrac{1}{5}} \approx 29.4545$，和 29.4571 相差仅仅 0.0026，这个精度在当时已经很高了。而 $29 + \dfrac{1}{2 + \dfrac{1}{5}}$ 简化成一般分数形式即 $\dfrac{324}{11}$，也就是说，

为了在天体模型中表示这个比例，惠更斯只需要制造齿数分别为11和324的两个齿轮。和十进制的方式相比，这个方案可行性更高，结果也更加精确。

🎬 彩蛋问题

在图 2.1.3 所示的无限网络电路中，每个电阻的阻值均为 R，试求 AB 两点之间的等效电阻值。

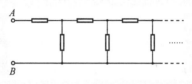

图 2.1.3　无限网络电路的等效电阻

📚 本节术语

单位分数： 又称为分数单位，它是分子是 1、分母是正整数，并写成分数形式的有理数。单位分数是某一个正整数的倒数，如 $\frac{1}{2}$、$\frac{1}{3}$、$\frac{1}{4}$ 等。

连分数： 是一种特殊的带分数形式，其分数部分分子始终为 1，分母为一个整数或者为另一个连分数。任何有理数都可以写成有限长度的连分数形式。任何无理数都可以写成无限长度的连分数形式。

埃及分数： 是分母各不相同的单位分数之和。任何有理数都可以写成有限长度的埃及分数，即有限长度、分母各不相同的单位分数之和。任何无理数都可以写成无限长度的埃及分数，即无限长度、分母各不相同的单位分数之和。

2.2 芝诺的乌龟

"一尺之棰，日取其半，万世不竭。"

——《庄子·天下》

午后的伊奥尼亚海闪耀着粼粼波光，芝诺（Zeno of Elea）不由得眯起了双眼，从回廊边垂下的三角梅花丛中望去。良久，他问了一句："谁赢了？是安德里亚还是法比奥？"

"法比奥赢了，他是今年埃利亚跑得最快的人！"一个学生兴奋地说。

"那你认为是法比奥跑得快，还是乌龟跑得快？"芝诺转过头来，仍然眯着眼睛。

"老师……当然是法比奥跑得快啊！"另一个学生不解道。

"我看不一定。要是乌龟在法比奥前面出发，别说是法比奥，就算是阿基里斯来了，他也永远追不上乌龟。"芝诺笑了笑。学生们知道，一旦他们的老师露出这样的笑容，就说明他正在试图将他们带入一个悖论之中。

芝诺接着说："阿基里斯是希腊诸神中跑得最快的人，所以他会让着点儿乌龟——假设乌龟在阿基里斯前面 100 米的地方出发吧，乌龟每分钟爬 1 米，而阿基里斯每分钟'闲庭信步'10 米……"

"这样的话，不到 12 分钟阿基里斯就能追上乌龟嘛。"一个心算很快的学生抢先答道。

"不不不，阿基里斯永远也追不上乌龟。你们看（图 2.2.1），开始比赛的时间为 $t_0 = 0$，阿基里斯在 A_0 处，乌龟在 S_0 处；假设时间为 t_1 时，阿基里斯追到了 S_0 处，即乌龟原来的起点；虽然乌龟爬得慢，但在 t_1 和 t_0 之间也向前爬行了一段距离，假设它到了 S_1 处，显然 S_1 在 S_0（即 A_1）的前面。这样，阿基里斯仍然需要一些时间追到 S_1，设相应的时间点为 t_2；同样，在 t_2 和 t_1 之间乌龟又向前爬了一段距离，到了 S_2，显然 S_2 仍然在 S_1（即 A_2）的前面……"芝诺在地面上比画着，"如此继续下去，对于任意一个时间点 t_n，显然 S_n 一定在 S_{n-1}，即 A_n 的前面。换句话说，对于任意一个时间点，乌龟一定在阿基里斯的前面，即阿基里斯永远也追不上乌龟。"

课堂上来不及思考的数学

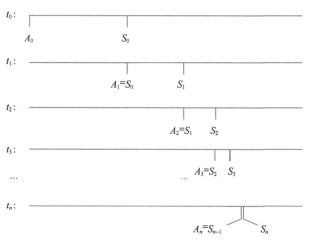

图 2.2.1 阿基里斯和乌龟赛跑

这就是历史上有名的芝诺悖论之一：阿基里斯追不上乌龟。

既然是悖论，其逻辑推理过程中必然隐藏着某种谬误。在芝诺悖论的例子中，学过追及问题的小学生都能知道那个心算很快的学生并没有算错，阿基里斯和乌龟之间距离为 100 米，他们的速度相差 9 米 / 分，因此只需要 $\frac{100}{9}$ 分阿基里斯就可以追上乌龟。不过，芝诺的说法似乎也没有问题：在每一个时间点，当阿基里斯追到乌龟上一个时间点所在的位置时，乌龟在两个时间点之间总可以向前再爬一段距离，这样一来，阿基里斯永远也追不上乌龟。

如果我们仔细地计算一下每个时间点乌龟的位置，就可以发现：$t_1 = \frac{100}{10} = 10$ 分，所以 $S_1 - A_1 = 10$ 米；$t_2 = \frac{10}{10} = 1$ 分，所以 $S_2 - A_2 = 1$ 米；$t_3 = \frac{1}{10} = \frac{1}{10}$ 分，所以 $S_2 - A_2 = \frac{1}{10}$ 米……依此类推，$t_n = \frac{100}{10^n}$ 分，$S_n - A_n = \frac{100}{10^n}$ 米。因此，t_i 是一个公比为 $\frac{1}{10}$ 的等比数列，而从 t_0 到 t_n 的总时间就是这个等比数列的和：

$$t_1 + t_2 + t_3 + \cdots + t_n = 100 \left(\frac{1}{10} + \frac{1}{100} + \frac{1}{1000} + \cdots + \frac{1}{10^n} \right) = \frac{100}{9} \left(1 - \frac{1}{10^n} \right)$$

当 n 趋于无穷大时，总时间趋于 $\frac{100}{9}$ 分。所以，整个过程所需的时间是有限的！芝诺悖论隐藏的谬误在于，**它把一个在有限时间内、步骤无限可分的过程，替代成了一个需要无限时间的过程**。芝诺悖论利用了我们的一个错觉，在错误的直觉中，**由无限步骤组成的过程就必然需要无限的时间；或者，无限（无穷）个数字相加，其结果就等于无限大（无穷大）**。

一个由无穷个正数组成的数列，其各项的和是不是无穷大，首先取决于这个数列本身是否收敛于 0，即当 n 趋于无穷大时，数列的第 n 项是否趋于 0。

在常见的正数数列中，等差数列相邻两项之间的差值为一个定值，所以它必定不会收敛于 0，其各项的和也一定是无穷大（或者无穷小）；等比数列相邻两项之间的比值为定值，只有当公比小于 1 时，才会使得第 n 项的绝对值越来越小，最后趋于 0。所以公比小于 1 的等比数列是收敛的，其各项的和不会等于无穷大。

在图 2.2.2 中，初值为 $\frac{1}{2}$、公比为 $\frac{1}{2}$ 的无穷数列中的每一项都对应着图中的一个小正方形或者长方形，所有这些小正方形和长方形的面积加起来为 1，所以该无穷数列之和收敛于 1。

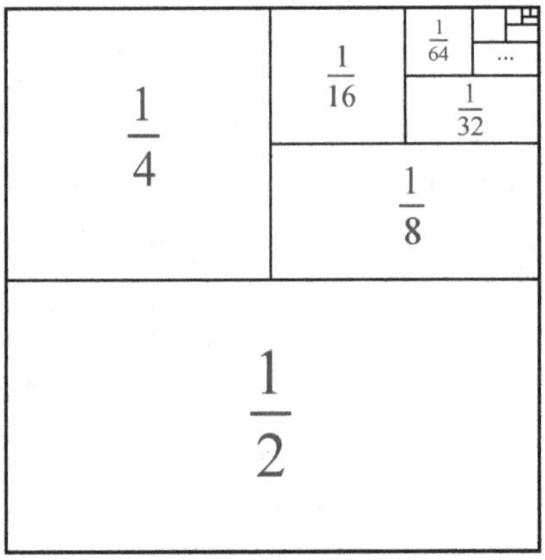

图 2.2.2 初值为 $\frac{1}{2}$、公比为 $\frac{1}{2}$ 的无穷数列之和收敛于 1 的图示证明

在图 2.2.3 中，初值为 $\frac{1}{4}$、公比为 $\frac{1}{4}$ 的无穷数列中的每一项都占据了组成 L 形的 3 个正方形中的 1 个，所有 L 形的面积加起来为 1，所以该无穷数列之和收敛于 $\frac{1}{3}$。

那么数列本身收敛于 0，是不是数列各项之和收敛于某个定值的充分条件呢？

看上去似乎确实是这么一回事。直觉告诉我们：当数列的项越来越小，直到趋于 0 时，各项之和的增长也会越来越小，直到趋于某一个定值。但很可惜，这一次直觉又给出了错误的结论。

著名的调和级数即这样的一个反例。

调和级数（harmonic series）这个名字源于音乐。早在毕达哥拉斯时代，人们就发现单位长度的弦和长度为 $\frac{1}{2}$ 的弦发出的声音之间有着动听的和谐关系，$\frac{1}{4}$ 和 $\frac{1}{8}$ 弦长之间，以及单位弦长和 $\frac{1}{3}$、$\frac{1}{4}$ 弦长之间都存在和谐关系。我们将手指按在弦长的这些位置，得到的声音构成了一个和谐的音列，这个音列也被称为泛音音阶。受泛音音阶的启发，在数学上，连续自然数的倒数数列 $\frac{1}{n}$ 组成的级数就被称为调和级数。

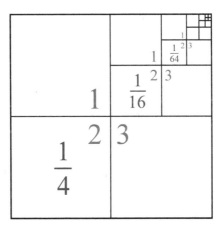

图 2.2.3　初值为 $\frac{1}{4}$、公比为 $\frac{1}{4}$ 的无穷数列之和收敛于 $\frac{1}{3}$ 的图示证明

很显然，当 n 趋于无穷大时，$\frac{1}{n}$ 趋于 0，说明 $\frac{1}{n}$ 这个调和数列本身是收敛于 0 的，那么调和数列的各项之和 $H=\sum(\frac{1}{n})$ 是不是也收敛于某个定值呢？

我们来做一个实验。假设在计时器 0 天 0 小时 0 分 0 秒时，$n=1$，此时调和级数的值 $H=\frac{1}{1}=1$。计时器开启后，每隔 0.1 秒，n 就增加 1，并计算 $H=\frac{1}{1}+\frac{1}{2}+\cdots+\frac{1}{n}$ 的值。

那么在 0 天 0 小时 1 分 0 秒时，$n=600$，此时 $H\approx6.98$。只用了 1 分钟，H 就差不多到达了 7。

在 0 天 4 小时 0 分 0 秒时，$n=144000$，此时 $H\approx12.45$。用了 4 小时，H 差不多翻了一倍，速度似乎还可以？

在 0 天 6 小时 0 分 0 秒时，$n=216000$，此时 $H\approx12.86$。接下来的这两小时，H 只增加了不到 0.5。

......

越往后，H 的增长就越慢。调和级数就像一艘飞往宇宙深处的飞船，越过一个个整数点需要的时间越来越长。当 H 越过 15 时，大约需要 2 天多的时间；当 H 越过 20 时，时间已经过去了 300 多天；当 H 越过 25 时，计时器上的数字将为 128 年……当 H 到达 100 时，n 将大于 1.509×10^{43}——换算为我们实验中的时间，那将是 4.78×10^{34} 年，一个难以想象的时间长度！

但是，它仍然在缓慢地增长，并没有收敛于某个定值。

事实上，**调和级数是发散的**，即当 n 趋于无穷大时，尽管 $\frac{1}{n}$ 趋于 0，但 $\sum(\frac{1}{n})$ 是趋于无穷大的。

证明调和级数发散的方法有很多，下面给出其中的一个。

将调和级数中分母为 2～10、11～100、101～1000……这样的项各自归于一组，每一组分别有 9 项、90 项、900 项……这样，

$$1+\frac{1}{2}+\frac{1}{3}+\frac{1}{4}+\frac{1}{5}+\frac{1}{6}+\cdots = 1+(\frac{1}{2}+\frac{1}{3}+\cdots+\frac{1}{10})+(\frac{1}{11}+\frac{1}{12}+\cdots+\frac{1}{100})+(\frac{1}{101}+\frac{1}{102}+\cdots+\frac{1}{1000})+\cdots > 1+(\frac{1}{10})\times 9+(\frac{1}{100})\times 90+(\frac{1}{1000})\times 900+\cdots = 1+\frac{9}{10}+\frac{9}{10}+\frac{9}{10}+\cdots$$

不等式的右边相当于一个公差为 0、初始项为 $\frac{9}{10}$ 的等差数列之和再加上 1，我们已经知道这个等差数列之和不收敛，且为无穷大，所以不等式左边的调和级数也不收敛，且为无穷大，得证。

在 2.1 节中提到，任何有理数都可以写成有限长度的埃及分数。因为有理数可以无穷大，所以埃及分数必须可以表示无穷大的数，调和级数的发散性正好提供了这种可能性，因为调和级数的每一项都是单位分数，且两两各不相同，而且理论上调和级数的若干项之和可以不小于任意大的数。只不过因为调和级数的增长非常缓慢，所以要把一个较大的有理数表示成埃及分数，必须在调和级数中使用海量的连续项——毕竟，调和级数的前 1.509×10^{43} 项加起来才刚刚迈过 100 的门槛。

调和级数不收敛，那么调和级数的子数列之和是否会收敛呢？答案是可能的。

一方面，调和级数的某些子数列同样不收敛，比如分母为偶数的子数列和分母为奇数的子数列，这两个数列各项之和都不收敛。对于分母为偶数的子数列各项之和，$\sum(\frac{1}{2n}) = \frac{1}{2} \cdot \sum(\frac{1}{n})$，因为 $\sum(\frac{1}{n})$ 不收敛，所以 $\sum(\frac{1}{2n})$ 也不收敛；对于分母为奇数的子数列各项之和，$\sum(\frac{1}{2n-1}) > \sum(\frac{1}{2n})$，因为 $\sum(\frac{1}{2n})$ 不收敛，

所以 $\sum (\frac{1}{2n-1})$ 也不收敛。

另一方面，调和级数的某些子数列是收敛的。比如，对于大于 1 的正整数 k，那些初始项为 1、公比为 $\frac{1}{k}$ 的等比数列也是调和级数的某个子数列。从前面的结论中我们可以知道，因为公比 $\frac{1}{k}$ 小于 1，所以这些等比数列之和是收敛的。

同样，自然数平方的倒数数列也是调和级数的一个子数列，比如，著名的巴塞尔问题即求证 $\sum (\frac{1}{n^2}) = \frac{\pi^2}{6}$。下面是一个关于 $\sum (\frac{1}{n^2})$ 收敛性的简单证明：

$$\sum_{n=1}^{\infty} \frac{1}{n^2} = 1 + \sum_{n=2}^{\infty} \frac{1}{n^2} < 1 + \sum_{n=2}^{\infty} \frac{1}{n(n-1)} = 1 + \sum_{n=2}^{\infty} \left(\frac{1}{n-1} - \frac{1}{n} \right)$$

$$= 1 + \left(\frac{1}{1} - \frac{1}{2} \right) + \left(\frac{1}{2} - \frac{1}{3} \right) + \left(\frac{1}{3} - \frac{1}{4} \right) + \cdots = 1 + 1 = 2$$

当 $n = 1$ 时，$\sum (\frac{1}{n^2}) = 1$；当 n 增加时，$\sum (\frac{1}{n^2})$ 的值也随之增加（递增性）；同时，由上可知 $\sum (\frac{1}{n^2}) < 2$，所以 $\sum (\frac{1}{n^2})$ 必定收敛在 1 和 2 之间。实际上，$\sum (\frac{1}{n^2}) = \frac{\pi^2}{6} \approx 1.644934$。

关于巴塞尔问题的证明超出了本书介绍的范围，在此不赘述。值得一提的是，虽然收敛性不同，但 $\sum (\frac{1}{n})$ 和 $\sum (\frac{1}{n^2})$ 具有一个共性，那就是它们分别是黎曼 ζ 函数 $\zeta(s)$ 在 $s = 1$ 和 $s = 2$ 时的特例。黎曼猜想是关于黎曼 ζ 函数的零点分布的猜想，它被提出至今已经过去了 160 余年，数学界仍未得出严谨和完备的证明，因此黎曼猜想也被誉为"数学界的圣杯"。

2001 年，荷兰乌得勒支大学弗兰登塔尔研究所在面向高中生的"数学 B-Day"竞赛中提出了一个和调和级数有关的问题。题目的大意是这样的：你的任务是开着吉普车穿越一个大沙漠，在出发点有充足的水、食物和汽油供应，但在沙漠中没有任何补给，你将不得不自行运输在途中需要的补给物资，以最终完成穿越沙漠的任务，但是吉普车的载货能力有限，假设吉普车的油耗和载重的多少无关，请找到一个最经济的穿越沙漠的可行性方案。

这是一个看上去不怎么像传统数学题的问题，参赛者需要将这个实际问题先转换成数学问题，然后再对此求解。

因为水、食物和汽油都是不可或缺的补给，为了简化问题，可以将吉普车行驶单位距离时对水、食物和汽油的分别需求的比例结合起来并统称为补给。

假设吉普车满载时携带的补给为 1，满载的吉普车最远可以行驶的距离为 d。最简单的方案就是给吉普车载满补给，然后在途中无任何补给的情况下一直开过去，这样吉普车最远能行驶 d 的距离（图 2.2.4）。

图 2.2.4　无补给的情况下，吉普车能够到达的最远距离

在沙漠足够大的情况下，这个简单的方案不足以使吉普车完成穿越。因此，在穿越沙漠的过程中必须利用吉普车在途中运输物资、自行设立补给点，不妨假设从起点到终点的途中一共需要设立 n 个补给点。

在最经济的方案中，当吉普车穿越沙漠之后车上剩余的补给应该最少，而且途中所有的 n 个补给点都应该无补给剩余。这样，让我们逆向思维一下：当穿越沙漠的最后一程时，吉普车最多只需要 1 个补给，所以当吉普车从补给点 n 出发时，吉普车上剩余的补给和补给点 n 的补给加起来等于 1 即可（图 2.2.5）。

图 2.2.5　从最后一个补给点到终点，只需要 1 个补给

现在的问题变成，吉普车如何以最经济的方式从补给点 $n-1$ 运输 1 个补给到补给点 n。

因为吉普车从补给点 $n-1$ 到补给点 n 的行驶过程同样也需要消耗补给，满载出发的吉普车到达补给点 n 时剩余的补给已经不到 1 了，所以吉普车必须事先在补给点 n 留下一些补给，这样吉普车需要到达补给点 n 至少 2 次，加上 2 次之间还需要 1 次回程，所以吉普车在两个补给点之间至少应往返行驶 3 次，即去程 1、回程 2 和去程 3（图 2.2.6）。

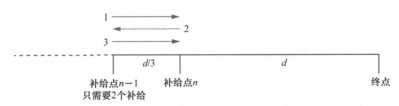

图 2.2.6　从补给点 $n-1$ 到补给点 n，吉普车需要往返行驶 3 次

课堂上来不及思考的数学

让我们再来一次逆向思维：先考虑去程 3，吉普车满载 1 个补给从补给点 $n-1$ 出发，途中消耗了一定的补给 x 到达补给点 n，此时车上剩余的补给加上补给点 n 储备的补给等于 1 即可。这就意味着**两个补给点之间行驶消耗的补给正好等于去程 1 给补给点 n 留下的补给**。然后，考虑去程 1 和回程 2，吉普车满载 1 个补给从补给点 $n-1$ 出发，在最经济的方案中，它回到补给点 $n-1$ 时补给正好用完，所以这 1 个补给分成了 3 个部分：去程消耗，留在补给点 n 的补给，以及回程消耗。两个考虑结合起来，我们可以知道 1 个补给恰好等于在两个补给点之间往返 3 次的消耗，所以补给点 $n-1$ 和补给点 n 之间距离为 $\dfrac{d}{3}$。当吉普车第一次从补给点 $n-1$ 出发时，吉普车上剩余的补给和补给点 $n-1$ 的补给加起来等于 2 即可。

现在问题变成了吉普车如何以最经济的方式从补给点 $n-2$ 运输 2 个补给到补给点 $n-1$。

类似地，因为运输过程中的消耗，满载的吉普车不可能仅仅通过 2 次去程就可以给补给点 $n-1$ 带去 2 个补给的储备，所以至少需要 3 个去程，加上 2 个回程，在两个补给点之间吉普车一共需要行驶 5 次，即去程 1、回程 2、去程 3、回程 4 和去程 5（图 2.2.7）。

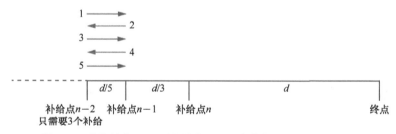

图 2.2.7　从补给点 $n-2$ 到补给点 $n-1$，吉普车需要往返行驶 5 次

去程 1、3、5 分别满载，所以补给点 $n-2$ 只需要 3 个补给，除去给补给点 $n-1$ 运输的 2 个补给，还剩下 1 个补给用于往返途中的消耗。因为一共行驶 5 次，所以补给点 $n-2$ 和补给点 $n-1$ 之间的距离为 $\dfrac{d}{5}$。具体来说，去程 1 满载出发，在补给点 $n-1$ 留下 $\dfrac{3}{5}$ 个补给，剩下的 $\dfrac{2}{5}$ 个补给用于去程 1 和回程 2 的消耗；同样，去程 3 满载出发，在补给点 $n-1$ 留下 $\dfrac{3}{5}$ 个补给，剩下的 $\dfrac{2}{5}$ 个补给用于去程 3 和回程 4 的消耗；去程 5 满载出发，路上用去 $\dfrac{1}{5}$ 个补给，吉普车上剩下的 $\dfrac{4}{5}$ 个补给加上补给点 $n-1$ 的储备 $2 \times \dfrac{3}{5}$ 个补给，一共正好是 2 个补给。

现在我们已经看出了规律，从穿越沙漠的最后一程 d 往前推，各个补给点之间的距离依次为 $\dfrac{d}{3}$、$\dfrac{d}{5}$、$\dfrac{d}{7}$……对于穿越路程为 S 的大沙漠，只需找到某个自然数 n，使得 $\sum(\dfrac{d}{2n-1}) \geqslant S$ 即可。将第 1 个补给点定义为起点，从第 1 个补给点往后推：只需准备好 n 个补给，按照上述的方案，将 $n-1$ 个补给从第 1 个补给点运输到相距为 $\dfrac{d}{2n-1}$ 的第 2 个补给点，运输过程需要往返行驶 $2n-1$ 次，消耗掉 1 个补给；然后再将 $n-2$ 个补给从第 2 个补给点运输到相距为 $\dfrac{d}{2n-3}$ 的第 3 个补给点，运输过程需要往返行驶 $2n-3$ 次，消耗掉 1 个补给……直到将 1 个补给从第 $n-1$ 个补给点运输到相距为 $\dfrac{d}{3}$ 的第 n 个补给点，运输过程需要往返行驶 3 次，消耗掉 1 个补给；最后从第 n 个补给点满载驶向相距为 d 的终点，从而完成穿越大沙漠的任务。

由之前推得的 $\sum(\dfrac{1}{2n-1})$ 不收敛的性质，我们甚至还可以得出：只要起点处有无限的补给，吉普车就可以按照上述方案穿越无穷大的沙漠。

当然，这需要时间，无限长的时间！

那么不是彩蛋的问题来了：需要无限长的时间才能够完成的穿越，到底可以算作穿越成功，还是，永远在路上呢？

📚 本节术语

收敛性：数列的收敛性，就是随着项数的增大，数列项的值趋于定值，即相邻两项之间的差趋于 0。数列各项之和的收敛性，就是随着项数的增大，数列各项之和趋于定值，即数列项的值趋于 0。

级数：一个有穷或无穷的数列之和被称为级数。如果数列是有穷的，其和称为有穷级数；反之，称为无穷级数。无穷级数收敛时，其值趋于一个定值；无穷级数发散时，其值不会趋于一个定值，而是要么趋于无穷大或者无穷小，要么在某个区间内跳动。

调和级数：调和级数是一个发散的无穷级数，它的表达式为

$$\sum(\dfrac{1}{n}) = 1 + \dfrac{1}{2} + \dfrac{1}{3} + \dfrac{1}{4} + \cdots$$

2.3 辛勤的计算家

"Love is like pi-natural, irrational, and very important."

—Lisa Hoffman

"爱情就像 π 一样——自然，无理，却至关重要。"

——莉萨·霍夫曼

早已是春暖花开的季节，院子里的黄水仙一簇一簇地绽开了花瓣，一只知更鸟跳上枝头，好奇地朝屋子里望了望。

佣人马克此时已经准备妥当，他缓步走到书房门前，清了清嗓子，轻声说道："先生，该吃饭了。"

书房里厚重的窗帘将满园春色挡在了窗外，壁炉里的桦木偶尔噼啪一声，闪出几个火星。书桌上平摊着一大张纸，上面细细地画着格子，格子里是密密麻麻的数字。纸张的两端被两把长尺死死压住，似乎一不留神它就会被风吹走。伏案工作的男主人头也没抬，只说了一句："知道了。"

"先生，这已经是第三次叫您了。"马克平静地催促道。

"好的，知道了。"尚克斯微微直起身来，拿起鼻烟壶放在了刚才计算的方格处。他在这里做个记号，吃完饭后好继续往下计算。

这样的生活伴随着尚克斯已经有十几个年头。最开始手动计算圆周率的那年，尚克斯才 45 岁出头，一转眼他现在已经是个年过花甲的老人。这十几年来，尚克斯对数学的热爱就像这壁炉里的柴火——虽然火光也有黯淡的时候，但内心是一直炽热的。这股炽热时时激励着他，使得他能够通过手动计算，将圆周率精确到了小数点后 700 多位。这在 19 世纪的英国，乃至全世界，都是一件非常了不起的成就。

威廉·尚克斯（William Shanks），这位英国乡村寄宿学校的校长，因此成为 19 世纪最著名的业余数学家之一。尽管在他死去半个世纪后，英国数学家弗格森通过机械计算机验算，发现尚克斯用铅笔和草稿纸计算出来的圆周率存在错误：在尚克斯计算得到的圆周率的 707 位小数中，只有前面 527 位是正确的，因为计算过程中的某些失误，尚克斯在第 528 位得到了错误的结果。换句话说，从第 527 位开始，尚克斯花费的时间和精力在科学上都是徒劳的；不过，在科学精神上，尚克斯无疑是执着和毅力的象征，因此他也被后世誉为"人工计算机"。

圆周率 π 的定义虽然很简单——圆周长与直径之比，但它却是一个神奇的数字。圆周率不是有理数，无法用有限分数来表示；它也不是一个简单的无理数，无法通过有理数的开方计算来得到。对于这么一个超越数的准确值的计算，从人类历史很早的时期就开始了。随着数学知识的积累、计算能力的提高，人类对圆周率准确值的逼近也越来越精确：从公元前后几个世纪的小数点后几位，到 19 世纪的几百位，直到 20 世纪中叶计算机出现之后，人类对圆周率计算的精度才得到飞跃式的提高，目前已可以精确到小数点后 68.2 万亿位（图 2.3.1）。

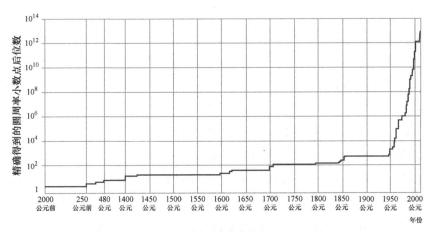

图 2.3.1　人类对圆周率计算精度的历史演变

最早在古巴比伦和古埃及，人们就意识到圆周率接近 3。在实际应用中，古巴比伦人把 $\frac{25}{8}$ =3.125 当作圆周率的近似值，古埃及人则把 $(\frac{16}{9})^2 = 3.160\cdots$ 当作圆周率的近似值。公元前 3 世纪，阿基米德成为第一个系统地研究圆周率近似值的数学家。

阿基米德的基本做法是，将一个圆夹在两个正多边形中，一个为该圆的内接正多边形，另一个为该圆的外切正多边形。随着多边形边数的增加，这两个正多边形分别从内外两个方向逼近圆，其周长也就越来越接近圆的周长（图 2.3.2）。

阿基米德方法的精髓在于将圆的周长置于内外两个正多边形边界之间，即圆的周长要大于其内接正多边形的周长，同时小于其外切正多边形的周长。当两个边界之间的差距越来越小时，两个正多边形周长与圆的周长之间的差就会越来越小；当正多边形的边数趋于无穷大时，两个正多边形就会趋于这个圆。这一朴素的逼近方法，在后世的函数极限和微积分中也被称为"夹逼定理"。

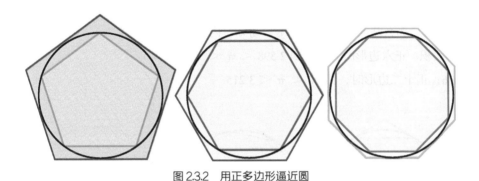

图 2.3.2　用正多边形逼近圆

我们以正六边形为例（图 2.3.3）。设圆的半径为 r，容易知道其内接正六边形的周长为 $6r$，外切正六边形的周长为 $4\sqrt{3}\,r$，因此 $3 < \pi < 2\sqrt{3} \approx 3.464$。上下边界之间的距离约为 0.464。

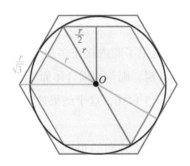

图 2.3.3　用正六边形逼近圆

如果使用正十二边形，那么使用勾股定理计算得知，半径为 r 的圆的内接正十二边形的周长为 $6(\sqrt{6}-\sqrt{2})\,r$，外切正十二边形的周长为 $24(2-\sqrt{3})\,r$，因此 $3.106 \approx 3(\sqrt{6}-\sqrt{2}) < \pi < 12(2-\sqrt{3}) \approx 3.215$。上下两个边界之间的距离约为 0.109，可见精度比正六边形逼近要大很多。

就这样，阿基米德最后计算到了正九十六边形，他得到 $3.140845 < \pi < 3.142857$，上下两个边界之间的距离约为 0.002。别说在古希腊时代，即便在今天，这个数值的圆周率在日常的应用中也已经足够精确了。

在中国，魏晋时期的刘徽是我国数学史上第一位使用割圆术计算圆周率的数学家。和阿基米德的周长逼近法略有不同，刘徽的割圆术使用的是面积逼近法。

受夹逼定理的启发，我们可以通过圆内接正多边形和外切正多边形的面积逐步逼近圆面积。以正六边形、正九边形和正十二边形为例（图 2.3.4），设定圆的半径为 1，那么圆的面积就等于 π。易知，内接正多边形面积 < π < 外切正多边形面积。正六边形时，可得到 2.598 < π < 3.464；正九边形时，2.893 < π < 3.276；正十二边形时，3.000 < π < 3.215。

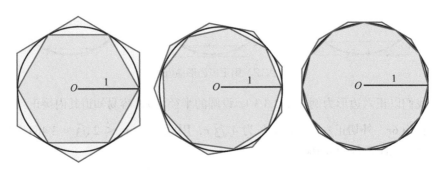

图 2.3.4　用圆内接正多边形和外切正多边形的面积逐步逼近圆面积

不过，刘徽的割圆术只使用了圆内接正多边形来逼近圆，"割之弥细，所失弥少。割之又割，以至于不可割，则与圆周合体而无所失矣"。刘徽最后算到了正 3072 边形，得出 π $\approx \dfrac{3927}{1250} = 3.1416$，这个结果比阿基米德的结果要精确大约两位，被后人称为"徽率"。

又过了大约 200 年，南北朝时期的祖冲之在刘徽的基础上用割圆术算到了内接正 24576 边形，他得到了圆周率更为精确的区间：3.1415926 < π < 3.1415927，这个数值也是现在我们耳熟能详的 7 位圆周率，文献中也常常称之为"祖率"。除了这个精确的数值，祖冲之还分别用 $\dfrac{22}{7}$ 和 $\dfrac{355}{113}$ 来估算圆周率，前者称为"约率"，后者称为"密率"，意思是用 $\dfrac{22}{7}$ 可以得到大约的数值，而用 $\dfrac{355}{113}$ 就可以得到更为精密的数值。在西方，$\dfrac{22}{7}$ 早已被阿基米德发现，而 $\dfrac{355}{113}$ 的发现则要晚得多，差不多在 1573 年才由数学家奥托（Valentin Otho）发现。

漫长的中世纪过后，欧洲的科技发展全面复苏。在 17 世纪微积分出现以后，人们对圆周率的精确计算也迎来了革命性的变化：使用割圆术等几何图形逼近的

　课堂上来不及思考的数学

办法不再是主流方法，取而代之的是用无穷级数来进行计算。

1593 年，韦达定理的发现者、法国数学家弗朗索瓦·韦达（François Viète）发表了一个连乘公式来表示 π，该公式简洁、优美。

$$\frac{2}{\pi} = \frac{\sqrt{2}}{2} \cdot \frac{\sqrt{2+\sqrt{2}}}{2} \cdot \frac{\sqrt{2+\sqrt{2+\sqrt{2}}}}{2} \cdot \frac{\sqrt{2+\sqrt{2+\sqrt{2+\sqrt{2}}}}}{2} \cdots$$

虽然韦达本人使用这个公式只精确计算到圆周率小数点后的第 9 位，但他发表的这个公式代表着数学家们从几何转向代数寻求圆周率精确计算的开始。

17 世纪 70 年代，英格兰数学家詹姆斯·格雷果里（James Gregory）和德国数学家莱布尼茨（Gottfried Wilhelm Leibniz）分别发现了格雷果里级数和莱布尼茨级数，这也是反正切级数走上圆周率计算舞台的开始。莱布尼茨级数和 2.2 节中介绍的分母为奇数的调和级数子数列非常相似。莱布尼茨发现，如果把加号变成加号和减号相间出现的话，这个子数列之和就不再发散，而是收敛于 $\frac{\pi}{4}$。

$$\frac{\pi}{4} = 1 - \frac{1}{3} + \frac{1}{5} - \frac{1}{7} + \frac{1}{9} - \frac{1}{11} + \cdots$$

莱布尼茨级数是反正切级数的特例。更为一般性的反正切级数，即格雷果里级数为

$$\arctan(x) = \frac{x}{1} - \frac{x^3}{3} + \frac{x^5}{5} - \frac{x^7}{7} + \frac{x^9}{9} - \frac{x^{11}}{11} + \cdots$$

当 $x = 1$ 时，$\arctan(1) = \frac{\pi}{4}$，格雷果里级数就变成了莱布尼茨级数。

莱布尼茨级数的意义在于，对圆周率的精确计算可以等价于对若干个单位分数进行加减运算，而无须像韦达的圆周率公式那样必须进行开方计算。换句话说，只要有时间，任何会四则运算的人都可以得到关于圆周率的足够精确的数值。

然而，问题也确实在于时间和速度。在 2.2 节中介绍过，调和级数虽然发散，但它的增长非常缓慢。莱布尼茨级数也不例外，要使用莱布尼茨级数来计算圆周率，其逼近的速度也相当缓慢。

1706 年，英国数学家梅钦（John Machin）巧妙地将 $\frac{\pi}{4}$ 表示为两个反正切函数之差。

$$\frac{\pi}{4} = 4 \times \arctan(\frac{1}{5}) - \arctan(\frac{1}{239})$$

初看上去，这个公式比 $\frac{\pi}{4} = \arctan(1)$ 要更复杂，似乎有画蛇添足之嫌。但实际上，考虑到反正切级数中 x 有奇数次幂 x^{2n-1}，对于 $x = 1$ 来说，这个奇数次幂 x^{2n-1} 始终等于 1，没有什么意义；但对于梅钦公式中的两项来说，第 1 项 $x = \frac{1}{5}$，这个奇数次幂 x^{2n-1} 的收敛速度就很可观了，而第 2 项 $x = \frac{1}{239}$，奇数次幂 x^{2n-1} 的收敛速度简直可以用火箭的速度来比拟。所以，**虽然梅钦公式看上去计算量多出了一倍，但实际上收敛速度要远远超过莱布尼茨级数**。

下面以展开 3 项的梅钦公式为例。我们容易发现，$\arctan(\frac{1}{5})$ 展开后的第 1 项还有 0.2，第 2 项收敛到了 0.002 左右，而第 3 项就只有 0.00006 了；$\arctan(\frac{1}{239})$ 收敛更快，在第 2 项以后就小于 0.00001 了。这样，我们只需计算 3 项，得到的圆周率的近似值为 3.14152，已经是精确到小数点后第 4 位了。

$$\arctan(x) = \frac{x^1}{1} - \frac{x^3}{3} + \frac{x^5}{5}$$

$$\arctan(\frac{1}{5}) = 0.20000 - 0.00267 + 0.00006 = 0.19739$$

$$\arctan(\frac{1}{239}) = 0.00418 - 0.00000 + 0.00000 = 0.00418$$

$$\pi = 4 \times [4 \times \arctan(\frac{1}{5}) - \arctan(\frac{1}{239})] = 3.14152$$

梅钦公式的这种收敛速度是莱布尼茨级数所不能比拟的。

我们辛勤的计算家、业余数学家尚克斯先生，使用的就是梅钦公式。尽管通过使用梅钦公式可以得到更快的收敛，但要得到 π 小数点后几百位，实际中的计算量还是很大的。尚克斯在计算 $\arctan(\frac{1}{5})$ 时，展开了 506 项，每项都需要计算到小数点后 709 位。可以想象，即便将加法和减法分开处理，也要一次性进行 253 项的加法，这个算式将是多么的巨大：这个算式中一共有 253 行，每行写着 709 个数字，一共有将近 18 万个数字。而计算期间出现任何计算错误、数字错位、跳过和重复、进位借位失误等，都将对最终结果的准确性造成致命的后果。从这个意义上来说，尽管尚克斯错失了后面的 100 多位，但能够准确地得到前 527 位已经非常难得。

手动计算，最终被电子计算所取代。

1946 年，世界上第一台电子计算机 ENIAC 研制成功。ENIAC 面世后的第 3

年，它就被用来计算圆周率，同样使用梅钦公式，ENIAC 只用了不到 70 小时就计算到了小数点后第 2035 位。70 小时相比于 15 年，2035 位相比于 527 位，一个新的时代到来了。

随着计算机计算能力的指数级增长，人们对圆周率准确值的精确计算也走上了"快车道"。通过梅钦公式或者其他别的公式，往往只需要很短的时间就能精确得到圆周率小数点后上百万乃至上百亿位的数字。

至于圆周率的精度，它似乎已经不再是一个数学问题，只要处理器速度足够快、内存足够大，我们总能得到更为精确的数值。实际上，在大多数的日常和科学应用中，我们并不需要非常精确的圆周率数值。用美国天文学家西蒙·纽科姆（Simon Newcomb）的话来说，使用精确到小数点后 10 位的圆周率来计算地球的周长，其误差将小于 1 英寸（1 英寸 =2.54 厘米）；而使用精确到小数点后 30 位的圆周率来计算目前可见的宇宙的周长，其带来的误差即便在最强大的显微镜下都无法被发现。

在计算速度方面，圆周率的计算更像是一个给算法设计者提出的问题：什么样的算法既可以在最短的时间内得到精确的数值，又可以保证计算过程的稳定性？因此，对圆周率的计算反过来又成了一个评估计算机系统和算法优越性与稳定性的测试方法。

彩蛋问题

类似于阿基米德的圆周逼近，设想一个直径为 1 的圆有一个外切正方形，显然该正方形的周长为 4。现在，将正方形和圆之间的 4 个角向内折叠，原来的正方形变成了一个带折线的十二边形，易知折叠前后周长不变，即十二边形的周长仍然为 4。继续类似的操作，将十二边形和圆之间的 8 个角向内折叠，十二边形变成了一个带有更多折线的二十八边形，同样，折叠后周长仍然不变，二十八边形的周长仍然为 4。如此继续，折线越来越多，而周长始终保持不变，最终该多边形将趋近于圆（图 2.3.5）。因此，圆的周长为 4，直径为 1，所以 $\pi = 4$！

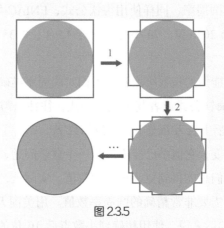

图 2.3.5

这显然是错误的结论，那么问题出在哪里呢？

本节术语

夹逼定理： 又称夹挤定理、三明治定理，它指出如果有两个函数在某个点的极限相同，且有第 3 个函数的值始终在这两个函数值之间，那么在这个点上，第 3 个函数的极限和这两个函数的极限相等。

割圆术： 我国魏晋时期数学家刘徽建立在圆面积论基础上的对圆进行逼近的方法，他将圆分割成正多边形，分割得越细，正多边形的边数越多，正多边形的面积就和圆面积越接近。

莱布尼茨级数： 莱布尼茨级数是一个无穷级数。它是一个以奇数为分母的单位分数组成的交错级数：$1 - \dfrac{1}{3} + \dfrac{1}{5} - \dfrac{1}{7} + \dfrac{1}{9} - \cdots$。莱布尼茨级数收敛于 $\dfrac{\pi}{4}$。

2.4 致命的药物

"The chief forms of beauty are order and symmetry and definiteness, which the mathematical sciences demonstrate in a special degree."

— Aristotle

"秩序性、对称性和确定性，这些美的主要形式在数学中都得到了特别的展现。"

—— 亚里士多德

2012 年 8 月 31 日，细雨蒙蒙的德国城市施托尔贝格。

那个刚刚发表了道歉声明的男人缓步走下讲台，雨水打湿了台阶，他的步子有些踉跄。在众多相机的镁光灯下，这个男人提起绒布的一角，轻轻一拉，绒布就从雕塑上滑落下来。

这是一个铜塑。U 形的底座两端上面各有一把椅子，右边的椅子上只有一个靠垫，左边的椅子除了靠垫，上面还坐着一个女孩。女孩张大了嘴，头向上仰着，举着两只异乎寻常细小的胳膊，似乎在向上天哭诉。在 U 形底座的中间，有一行用德语刻着的文字，"以此纪念那些死去和幸存着的沙利度胺事件受害者"。

沙利度胺（thalidomide）是 20 世纪 50 年代非常受欢迎的中枢抑制药物，曾经广泛地用于抑制妊娠呕吐，因此这个药物也被称为"反应停"。在沙利度胺大规模投入使用后不久，医生们就发现在使用该药物的孕妇中出现了较高的流产率，而在那些侥幸生存下来的新生儿中，也出现了相当比例的后遗症，其中包括手臂和下肢畸形、失明和耳聋，以及心脏和脑部损伤。虽然在 1961 年，生产厂商格兰泰就从市场上撤回了该产品，但据估计，它仍然造成了大量儿童死亡，数万名儿童出现严重生理缺陷。

在后来的研究中，科学家们发现沙利度胺分子在空间上存在两种不同的构型，即 R 型和 S 型。因为沙利度胺分子的六元杂环中的某个碳原子（手性碳原子）

上的 4 个基团互不相同，所以，尽管分子结构完全相同，但空间上的 R 和 S 这两种构型却无法完全重叠，而是以一种镜面对称的形式存在（图 2.4.1）。

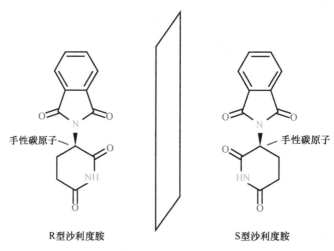

R型沙利度胺   S型沙利度胺

图2.4.1   沙利度胺分子的镜面对称形式

这种镜面对称的两个构型，就像我们的左手和右手，虽然看上去一模一样，实际上却无法相互重叠，好比我们将右手套戴在左手上，或者把左手套戴在右手上，手套和手之间总不会那么贴合。这样的镜面对称，也被称为手性对称。

沙利度胺事件之所以造成了那么大的伤害，是因为它的两种构型具有不同的生理作用，R 型可以抑制中枢神经，且安全无害，S 型则会对孕妇和胎儿造成流产和致畸作用。限于当时的科技条件，沙利度胺的生产厂家格兰泰并没有意识到两种构型的存在，也没有能力对产品进行不同构型成分的分析，从而酿成了一场巨大的灾难。

镜面对称或者轴对称的例子在数学函数上也非常常见，比如，我们熟知的二次函数 $f(x) = x^2$，就是一个关于 y 轴对称的例子：如果仅仅通过旋转和平移，我们无法将该函数在 y 轴的左右两个部分完全重叠在一起（图 2.4.2 左）；只有将坐标系平面按照 y 轴折叠起来，这两个部分才能完全重叠（图 2.4.2 右）。

与之相比，三次函数 $g(x) = x^3$ 就呈现出点对称的性质，即绕原点 180°后，该函数在第三象限的部分可以与在第一象限的部分完全重叠在一起（图 2.4.3）。

   课堂上来不及思考的数学

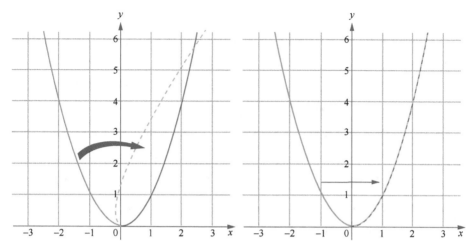

图 2.4.2　二次函数的两个部分无法通过旋转和平移重叠在一起

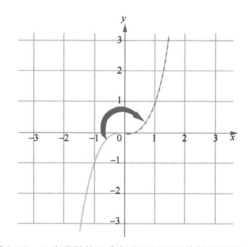

图 2.4.3　三次函数的两个部分可以通过旋转重叠在一起

二次函数 $f(x) = x^2$ 和三次函数 $g(x) = x^3$ 都是幂函数，它们之间的不同在于 $f(x)$ 为偶数幂，$g(x)$ 为奇数幂。

容易知道，对于任一偶数幂函数 $f(x) = x^{2n}$，n 为任一整数，都有

$$f(-x) = (-x)^{2n} = x^{2n} = f(x)$$

而对于任一奇数幂函数 $f(x) = x^{2n+1}$，n 为任一整数，都有

$$f(-x) = (-x)^{2n+1} = -x^{2n+1} = -f(x)$$

从幂函数的这个性质出发，我们定义：对于定义域中的任意 x，都存在 $f(-x) = f(x)$ 的函数为偶函数；对于定义域中的任意 x，都存在 $f(-x) = -f(x)$ 的函数为奇

函数。

　　类似于幂函数，具有奇偶性的函数也具有对称性。根据定义，所有奇函数都关于坐标系原点对称，而所有偶函数都关于坐标系 y 轴对称。反之，具有对称性的函数不一定具有奇偶性，只有那些关于坐标系原点对称的函数才是奇函数，也只有那些关于坐标系 y 轴对称的函数才是偶函数。

　　将具有奇偶性的函数进行平移或旋转，得到的函数仍然具有对称性。比如 $f(x) = (x-2)^2 + 2$，相当于将函数 $f(x) = x^2$ 的原点平移至 $(2, 2)$，得到的新函数 $f(x)$ 虽然不再是偶函数，但仍然是一个关于直线 $y = 2$ 对称的函数。再比如 $g'(x) = 1 - (x-1)^{\frac{1}{3}}$，相当于将函数 $g(x) = x^3$ 绕原点顺时针旋转 $90°$ 后再将原点平移至 $(1, 1)$，得到的新函数 $g'(x)$ 虽然不再是一个奇函数，但仍然是一个关于点 $(1, 1)$ 对称的函数（图 2.4.4）。

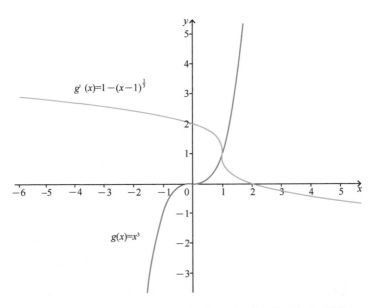

图 2.4.4　将三次函数旋转和平移以后得到的函数仍然具有点对称性

　　从以上例子中，我们可以总结出关于函数对称性更为一般性的条件：对于轴对称，函数 $f(x)$ 满足 $f(a+x) = f(b-x)$，是函数 $f(x)$ 关于直线 $x = \dfrac{a+b}{2}$ 对称的充分必要条件；对于点对称，函数 $f(x)$ 满足 $f(x) + f(2a-x) = 2b$，是函数 $f(x)$ 关于点 $P(a, b)$ 对称的充分必要条件。容易看出，偶函数和奇函数分别为上述判定 $a = b = 0$ 时的特例。

对于一般的情况，我们以 $g'(x) = 1 - (x-1)^{\frac{1}{3}}$ 为例。

$g'(x) = 1 - (x-1)^{\frac{1}{3}}$，$g'(2-x) = 1 - (2-x-1)^{\frac{1}{3}} = 1 - (1-x)^{\frac{1}{3}} = 1 + (x-1)^{\frac{1}{3}}$，所以有 $g'(x) + g'(2-x) = 2$。由此得出，函数 $g'(x)$ 关于点 $(1,1)$ 对称。

例1：函数 $f(x)$ 满足 $f(1-x) = f(5+x)$，函数 $g(x)$ 满足 $1+g(2-x) = 3-g(6+x)$，请分别判定函数 $f(x)$ 和 $g(x)$ 的对称性。

对于 $f(1-x) = f(5+x)$，该函数关于轴对称，对称轴为 $x = \dfrac{1+5}{2} = 3$。

对于 $1+g(2-x) = 3-g(6+x)$，令 $x' = 6+x$，代入得到 $1+g(8-x') = 3-g(x')$，即 $g(x') + g(8-x') = 2$，所以该函数关于点对称，对称点为 $(4,1)$。

例2：已知函数 $f(x)$ 是定义在 R 上的奇函数，当 $x \geq 0$ 时，$f(x) = x(x-4)$，求方程 $f(x) = x$ 的所有解之和。

最直观的解法，是先求出 $f(x)$ 在全定义域上的表达式。

当 $x < 0$ 时，$-x > 0$，所以 $f(-x) = -x(-x-4) = x(x+4)$。因为 $f(x)$ 是奇函数，所以 $f(-x) = -f(x)$，因此，$-f(x) = x(x+4)$，即当 $x < 0$ 时，$f(x) = -x(x+4)$。

然后，在 x 正轴和负轴上分别对 $f(x) = x$ 求解。

当 $x \geq 0$ 时，若 $f(x) = x$，则 $x(x-4) = x$，即 $x = 0$，或者 $x = 5$。

当 $x < 0$ 时，若 $f(x) = x$，则 $-x(x+4) = x$，即 $x = 0$，或者 $x = -5$。

因此 $f(x) = x$ 共有 3 个解 -5、0 和 5，3 个解之和为 0。

实际上，我们可以有更简洁和更一般性的解法，我们甚至可以证明，对于任意奇函数 $f(x)$，方程 $f(x) = x$ 的所有解之和一定等于 0。

令 $g(x) = f(x) - x$，因为 $f(x)$ 和 x 都是奇函数，所以不难证明 $g(x)$ 也是一个奇函数：$g(-x) = f(-x) - (-x) = -f(x) + x = -[f(x) - x] = -g(x)$。因为 $g(x)$ 是奇函数，所以它关于坐标轴原点对称。对于 $g(x) = 0$ 这个方程来说，因为其对称性，它的非零解都是成对出现的，即对于任意一个解 x，$-x$ 一定也是这个方程的一个解。所以，方程 $g(x) = 0$，或者说方程 $f(x) = x$，其所有解之和一定等于 0。

在讨论函数轴对称的充分必要条件时，在等式 $f(a+x) = f(b-x)$ 中，变量 x 在两个函数表达式 f 中的符号是相反的。如果 x 在两个函数表达式 f 中的符号相同，$f(a+x) = f(b+x)$ 这个等式又会表示该函数的什么特性呢？

为了简化讨论，不妨设 $b > a$（$a = b$ 时等式恒等，不表示函数的任何特性），令 $T = b-a$，$x' = a+x$，那么 $b+x = a+x+(b-a) = x'+T$，$f(a+x) = f(b+x)$ 变为 $f(x') = f(x'+T)$。不失一般性，即 $f(x) = f(x+T)$。

因为 $f(x) = f(x + T)$ 这个条件，可以递推得到 $f(x) = f(x + T) = f(x + 2T) = \cdots = f(x + nT)$，$n$ 可以是任意大的自然数。这说明，$f(x)$ 这个函数的定义域是个无限集，而且它是一个周期为 T 的函数。因此，**对于周期性，如果函数 $f(x)$ 满足 $f(x) = f(x + T)$，$T > 0$，那么函数 $f(x)$ 是一个周期函数，且其最小正周期为 T。**

我们说正周期为 T，是因为对于周期为 T 的函数来说，$-T$ 同样也是它的一个周期。由 $f(x) = f(x + T)$，令 $x' = x + T$，代入得到 $f(x' - T) = f(x')$，即 $f(x') = f(x' - T)$，所以，根据定义，$-T$ 也是函数 f 的周期。我们说最小正周期为 T，是因为由以上递推关系以及周期函数的定义可知，T 的任何整数倍都是它的周期。比如，三角函数是常见的周期函数。

函数的对称性和周期性之间还有另外一个有趣的关系，即如果函数 $f(x)$ 存在两个垂直于 x 轴的对称轴，或者存在两个位于 x 轴上的对称点，或者存在一个垂直于 x 轴的对称轴和一个位于 x 轴上的对称点，那么它一定是一个周期函数。

以两个对称轴为例，如果你站在一面镜子前，那么你和你在镜中的影像以镜子为对称轴形成轴对称；如果你站在两面平行放置的镜子的正中间，那么你将在两面镜子中生成无数多个影像，每两个影像之间的距离，即影像之间的周期，等于两面实体镜子之间的距离的两倍（图 2.4.5）。

图 2.4.5　平行放置的两面镜子产生无数个影像

在数学上，如果函数 $f(x)$ 关于 $x = a$ 和 $x = b$ 对称，设 $b > a$，那么 $f(x)$ 是一个周期函数，其最小正周期 $T = 2(b - a)$。证明如下。令 $T = 2(b - a)$，由 $f(x)$

关于 $x = a$ 对称，得到 $f(x) = f(2a - x)$，同理得到 $f(x) = f(2b - x)$，即 $f(2a - x) = f(2b - x)$。令 $x' = 2a - x$，则 $2b - x = 2a - x + 2(b - a) = x' + T$，代入即得 $f(x') = f(x' + T)$，因此 $f(x)$ 是一个以 $T = 2(b - a)$ 为周期的函数。

类似地，如果函数 $f(x)$ 关于点 $(a, 0)$ 和点 $(b, 0)$ 对称，设 $b > a$，那么 $f(x)$ 是一个周期函数，其最小正周期 $T = 2(b - a)$；如果函数 $f(x)$ 关于 $x = a$ 和点 $(b, 0)$ 对称，那么 $f(x)$ 是一个周期函数，其最小正周期 $T = 4|b - a|$。

例 3：已知函数 $f(x)$ 是定义在 R 上的奇函数，且满足 $f(1 - x) = f(1 + x)$。若 $f(1) = 2$，求 $f(1) + f(2) + f(3) + \cdots + f(50)$ 的值。

由 $f(1 - x) = f(1 + x)$ 可知 $f(x)$ 关于 $x = 1$ 对称，又因为 $f(x)$ 为奇函数，关于 $(0, 0)$ 对称，所以 $f(x)$ 是一个周期函数，周期 $T = 4$。因为 $f(1) = 2$，由奇函数可知 $f(-1) = -2$，又由周期函数可知 $f(3) = f(-1) = -2$。因为 $f(x)$ 为奇函数，所以 $f(0) = 0$，又由周期函数得到 $f(4) = f(0) = 0$。因为 $f(x)$ 关于 $x = 1$ 对称，所以 $f(2) = f(0) = 0$。综上，$f(1) + f(2) + f(3) + f(4) = 0$，又因为 $f(x)$ 周期为 4，所以 $f(1) + f(2) + f(3) + \cdots + f(50) = f(1) + f(2) + 0 \times 12 = 2$。

例 4：定义在 R 上的函数 $f(x)$ 满足 $f(x + 2) = f(x + 1) - f(x)$，试证 $f(x)$ 是周期函数。

初看上去，这个等式中出现了 3 个函数表达式，和前文介绍的包含两个函数表达式的等式不同。不过，这里只需要采用一个小技巧，消去其中一个函数表达式，问题即可迎刃而解。

因为 $f(x + 2) = f(x + 1) - f(x)$，将 $x + 1$ 作为 x 代入得到 $f(x + 3) = f(x + 2) - f(x + 1)$。将上面的两个等式相加，得到 $f(x + 2) + f(x + 3) = f(x + 1) - f(x) + f(x + 2) - f(x + 1)$，即 $f(x + 3) = -f(x)$。将这个关系式进行递推，得到 $f(x + 3) = -f(x) = f(x - 3)$，所以 $f(x)$ 为 $T = 6$ 的周期函数。

除了对称性、奇偶性和周期性，单调性也是函数的主要性质之一。**所谓函数的单调性，是指对于定义域中的任意** $x_1 < x_2$，**函数** $f(x)$ **始终有** $f(x_1) \leq f(x_2)$，**或者始终有** $f(x_1) \geq f(x_2)$。前者称为单调递增，后者称为单调递减；如果将符号 $\leq$ 换成 $<$，或者将符号 $\geq$ 换成 $>$，则分别称为严格单调递增和严格单调递减。

对于绝大多数函数而言，它们在整个定义域上一般不存在唯一的单调性，比如轴对称函数和周期函数。不过，在定义域的某些区间内，这些函数都存在着单调性，单调性与函数的极值和最值密切相关。

例 5：定义在 R 上的非零值函数 $f(x)$ 满足 $f(m+n)=f(m) \cdot f(n)$，当 $x>0$ 时，$0<f(x)<1$。求证 $f(x)$ 在 R 上是严格递减函数。

从题目给出的条件来看，底数小于 1 的指数函数是符合条件的函数之一。不过，我们不能默认 $f(x)$ 就是指数函数，必须通过严格的数学推导得出函数严格递减的结论。

首先，我们证明一个引理，即在整个定义域 R 上都有 $f(x)>0$。

令 $n=0$，由 $f(m+n)=f(m) \cdot f(n)$ 得到 $f(m)=f(m) \cdot f(0)$。因为 $f(x)$ 是非零函数，所以 $f(0)=1$。

当 $x<0$ 时，令 $m=x$，$n=-x$，由 $f(m+n)=f(m) \cdot f(n)$ 得到 $f(0)=f(x) \cdot f(-x)=1$，即 $f(x)$ 和 $f(-x)$ 同号。因为 $-x>0$，根据题意 $f(-x)>0$，所以 $f(x)>0$。

至此，引理得证，即在 R 上 $f(x)>0$。

然后，我们来证明 $f(x)$ 在 R 上严格递减。

按照函数单调性的定义，设 R 上任意 $x_1<x_2$，令 $d=x_2-x_1>0$，$m=x_1$，$n=d$，有 $m+n=x_2$。

由 $f(m+n)=f(m) \cdot f(n)$ 得到 $f(x_2)=f(x_1) \cdot f(d)$，所以 $f(x_1)-f(x_2)=f(x_1)-f(x_1) \cdot f(d)=f(x_1) \cdot [1-f(d)]$。因为 $d>0$，所以 $f(d)<1$；又因为 $f(x_1)>0$；所以 $f(x_1)-f(x_2)>0$，$f(x_1)>f(x_2)$。因此 $f(x)$ 在 R 上是一个严格递减函数。

例 6：定义在 R 上值域为 $(-1,1)$ 的函数 $f(x)$ 满足 $f(m+n)=\dfrac{f(m)+f(n)}{1+f(m) \cdot f(n)}$，且当 $x>0$ 时，$f(x)<0$。试确定 $f(x)$ 的奇偶性和单调性。

令 $m=n=0$，得到 $f(0)=\dfrac{2f(0)}{1+f^2(0)}$，解得 $f(0)=0$，或者 $f(0)=\pm1$。因为 $f(x)$ 的值域为 $(-1,1)$，所以只有一个合理的解 $f(0)=0$。

令 $m=x$，$n=-x$，得到 $f(0)=\dfrac{f(x)+f(-x)}{1+f(x) \cdot f(-x)}$，所以 $f(x)+f(-x)=0$，即 $f(x)$ 是个奇函数。

设任意 $0<x_1<x_2$，令 $d=x_2-x_1>0$，$m=x_1$，$n=d$，有 $m+n=x_2$，得到 $f(x_2)=\dfrac{f(x_1)+f(d)}{1+f(x_1) \cdot f(d)}$。因为 $d>0$，所以 $f(d)<0$，同理 $f(x_1)<0$，所以 $1+f(x_1) \cdot f(d)>1$。$f(x_2)=\dfrac{f(x_1)+f(d)}{1+f(x_1) \cdot f(d)}<f(x_1)+f(d)<f(x_1)$，所以当 $0<x_1<x_2$ 时，$f(x_2)<f(x_1)$。按照函数单调性定义，在 R^+ 区间 $f(x)<0$，且为严格递减函数。

因为 $f(x)$ 是奇函数，基于对称性，在 R^- 区间 $f(x) > 0$，且同样为严格递减函数。又因为 $f(0) = 0$，所以 $f(x)$ 在整个定义域 R 上是一个严格递减函数。

彩蛋问题

有一个定义于实数域的函数既是奇函数，又是偶函数，既是周期函数，又是单调函数，你知道这个函数的表达式吗？

本节术语

函数的奇偶性： 对于定义域中的任意 x，都存在 $f(-x) = f(x)$ 的函数为偶函数；对于定义域中的任意 x，都存在 $f(-x) = -f(x)$ 的函数为奇函数。

函数的对称性： 对于定义域中的任意 x，都存在 $f(a + x) = f(b - x)$ 的函数 $f(x)$ 关于直线 $x = \dfrac{a+b}{2}$ 对称；对于定义域中的任意 x，都存在 $f(x) + f(2a - x) = 2b$ 的函数 $f(x)$ 关于点 $P(a, b)$ 对称。

函数的周期性： 对于定义域中的任意 x，都存在 $f(x) = f(x + T)$，$T > 0$，那么函数 $f(x)$ 是一个周期为 T 的函数。

函数的单调性： 对于定义域中的任意 $x_1 < x_2$，函数 $f(x)$ 始终有 $f(x_1) \leqslant f(x_2)$，或者始终有 $f(x_1) \geqslant f(x_2)$，前者称为单调递增，后者称为单调递减。

第 **3** 章

自然的曲线

西班牙建筑师高迪曾经说"大自然是没有直线存在的，直线属于人类"。那么，曲线一定属于自然。悉尼歌剧院外壳造型的设计灵感居然来源于一个切开的橙子。鹦鹉螺、向日葵和松果的共同点是什么？要区分各个涂色区域最少需要几种颜色？什么样的小瓶子可以装下一海之水？在本章，你将了解包括圆、椭圆、抛物线和双曲线在内的圆锥曲线；自然界里常见的摆线、悬链线和各种螺线；柯尼斯堡的岛屿和桥梁将带你进入图论的世界；最后，你还将进入一个"魔幻"的空间，那里有着低维空间里见不到的曲面和物体。

3.1 建筑师的橙子

"圆锥任意割之，其所割之面有六种界：一、顶点，二、三角形，三、平圆，四、椭圆，五、双曲线，六、抛物线。"

——艾约瑟，李善兰

提起澳大利亚的悉尼，大家脑海中出现的第一个名词或许就是悉尼歌剧院（图 3.1.1），它那独特的造型不仅让其成为悉尼的标志性建筑，也让其成为 20 世纪最具特色的建筑之一。

图 3.1.1 悉尼歌剧院

因为悉尼歌剧院坐落在突入悉尼湾的半岛上，所以在很多媒体的描述中，悉尼歌剧院的外形犹如即将乘风出海的白色风帆，与周围的海湾和大桥等景色相映成趣。在另外一些解读中，弧形的白色屋顶也被认为是一些竖立着的贝壳，代表着这个港口城市的海产。不过，很少有人知道这个造型的创意并不来自船帆或者贝壳。

美国教授亚历山大·哈恩（Alexander Hahn）在他的一本名为《建筑中的数学之旅》（*Mathematical Excursions to the World's Great Buildings*）的书中，介绍了悉尼歌剧院屋顶造型的由来。

时间回到 1955 年，澳大利亚政府为悉尼歌剧院的建筑设计举办了全球性的设计比赛，吸引了来自 30 多个国家的 200 多名建筑师参加，其中就有来自丹麦的建筑设计师约恩·乌松（Jørn Utzon）。据说，乌松在一次早餐时将一个橙子切成几瓣，吃完橙子后橙子皮被随意地堆放在盘子上，这些弧形的薄壳使建筑师灵光闪现，在脑海中形成了悉尼歌剧院设计的第一个雏形。乌松的设计得到了比赛评委埃罗·沙里宁的欣赏，他力排众议，于 1957 年宣布乌松的这个弧形薄壳造型为歌剧院最终的获奖设计作品。当时的乌松并不知道，真正艰难的设计才刚刚开始。

在乌松的第一稿中，这些弧形呈双曲线形状，弧线优美动人。但从当年的技术层面上来看，这个设计无法在工程中实现，要么是因为建筑无法承受大风对凹形屋顶施加的推力；要么是因为双曲线在弧形上各个位置的曲率不同，所以无法重复使用模板而大大增加了成本，而且在施工上也很难保证这些弯曲面连接处的质量。为了降低载荷和应力，乌松在放弃了双曲线造型之后又分别尝试了抛物线和椭圆的造型，但对于这些几何造型，他都没有想出可行的建筑方案。

时间来到 1962 年，这时候离乌松的设计获奖已经过去了差不多 5 年的时间。建筑师们终于找到了一个可行方案，那就是采用圆或者球体的造型，所有的"船帆"或者"贝壳"都来自一个半径为 75 米的球体的一部分，因此，只需要使用同一个模具就能铸造出这些混凝土部件。悉尼歌剧院门前的铜雕说明了 4 个弧形薄壳可以来自同一个球体（图 3.1.2）。

图 3.1.2　悉尼歌剧院门前的铜雕

从双曲线，到抛物线和椭圆，最后到圆，悉尼歌剧院的屋顶外形在图纸上一步一步走进了现实。而双曲线、抛物线、椭圆和圆，恰恰就是数学中圆锥曲线（conic section）家族的 4 个成员。

在解析几何中，我们学过这 4 种曲线的定义。

圆的定义最简单，即平面中到一个定点的距离为定值的点的集合。椭圆的定义要复杂一些，它有两个定点，**椭圆被定义为平面中到两个定点的距离之和为定值的点的集合**，这两个定点又被称为椭圆的焦点（图 3.1.3）。显然，如果椭圆的两个焦点重合，那么椭圆就转化成为圆；换句话说，圆是椭圆的一个特例。

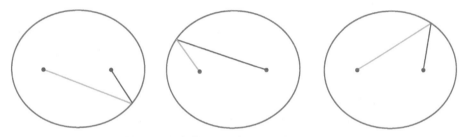

图 3.1.3　绿色线段和紫色线段长度之和为定值

双曲线的定义和椭圆有些类似，只不过将距离之和变成了距离之差的绝对值，**双曲线即平面中到两个定点的距离之差的绝对值为定值的点的集合**。同样，这两个定点也被称为双曲线的焦点（图 3.1.4）。

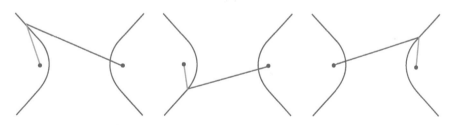

图 3.1.4　绿色线段和紫色线段长度之差的绝对值为定值

而抛物线则显得更加特别一些，因为它的锚点不再仅仅是一个或者两个定点，而变成了一个定点和一条定直线，**抛物线被定义为平面中到一个定点和到一条定直线距离相等的点的集合**。这个定点同样被称为抛物线的焦点，而定直线被称为抛物线的准线（图 3.1.5）。

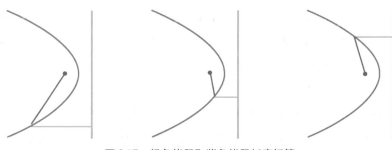

图 3.1.5　绿色线段和紫色线段长度相等

由定义来看，这 4 种曲线各不相同，那么为什么它们被统称为圆锥曲线呢？

要回答这个问题，我们得将时间拉回到古希腊时代。

古希腊时代有三大著名的几何问题：化圆为方、倍立方体和三等分角，即仅仅使用圆规和无刻度的直尺（尺规作图），作出一个面积与一已知圆相等的正方形（化圆为方），一个体积为一已知立方体体积两倍的新立方体（倍立方体），以及将任意已知角度三等分（三等分角）。古希腊几何学家梅内克缪斯为了解决倍立方体问题提出了圆锥曲线，后来包括欧几里得和阿基米德在内的数学家都对圆锥曲线进行了研究，而其中的研究成果集大成者，是公元前 2 世纪的阿波罗尼奥斯（Apollonius of Perga）。

阿波罗尼奥斯最重要的著作之一是《圆锥曲线论》，椭圆、抛物线和双曲线的命名最先出现于该书。古希腊人发现，这几种曲线都可以通过用一个平面和一个正圆锥面进行完整相交而得到（图 3.1.6）。

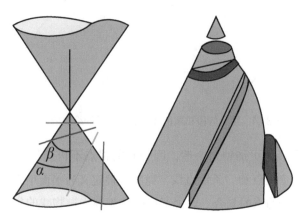

图 3.1.6　圆锥曲线由平面和圆锥曲面相交而得来

假设正圆锥面的斜边和垂线之间的夹角为 α，平面和正圆锥面相交时，与正圆锥面垂线之间的夹角为 β。那么，当 $\beta = 90°$ 时，即平面横切正圆锥面时，两个面相交的曲线即一个圆（图 3.1.6 中橙色部分）；当 $90° > \beta > \alpha$ 时，两个面相交的曲线将是一个椭圆（图 3.1.6 中紫色部分）；当 $\beta = \alpha$ 时，即平面平行于正圆锥面斜边时，截得的曲线为抛物线（图 3.1.6 中绿色部分）；当 $\beta = 0$ 时，即平面平行于正圆锥面的垂线时，截得的曲线为双曲线（图 3.1.6 中蓝色部分）。

椭圆、抛物线和双曲线的拉丁文写法分别为 ellipsis 、parabola 和 hyperbola，其中 ellipsis 表示"短缺""不足"，para- 表示"对齐""正好"，而 hyper- 表示"超越""过度"。那么椭圆有什么不足，抛物线的什么正好，而双曲线又有什么是过度的呢？

要回答这个问题，我们还需要了解圆锥曲线的偏心率这个概念。

圆锥曲线的偏心率（eccentricity）又称为离心率。这个概念来自对抛物线的定义，任意一条抛物线都有一个焦点和一条准线，抛物线上的点到这个焦点的距离等于到这条准线的距离。类似地，我们定义圆锥曲线的偏心率 e 为该曲线上的点到焦点的距离与到准线的距离的比值。有意思的是，对于某一条圆锥曲线的任意一个点来说，这个比值 e 是一个定值。这个性质也被称为圆锥曲线的第二定义。

设焦点坐标为 $(f, 0)$，准线方程为 $x = -f$，那么按照偏心率的定义

$$e = \frac{\sqrt{(x-f)^2 + y^2}}{x + f}$$

展开后得到圆锥曲线的方程为

$$(1 - e^2) x^2 + y^2 = 2f(1 + e^2) x + f^2 (e^2 - 1) \tag{3.1.1}$$

我们来观察几种圆锥曲线的偏心率（图 3.1.7）。抛物线的情况比较简单，根据定义，它的偏心率 $e = 1$，式 (3.1.1) 简化为 $y^2 = 4fx$，即开口向右、焦点在 $(f, 0)$、准线为 $x = -f$ 的抛物线。

当 $e < 1$ 时，式 (3.1.1) 左边 x^2 项系数为正，和 y^2 项同号，这时式 (3.1.1) 可以化为一个椭圆方程。当 $e > 1$ 时，式 (3.1.1) 左边 x^2 项系数为负，和 y^2 项异号，这时式 (3.1.1) 可以化为一个双曲线方程。

如果将偏心率 e 和 1 相比，当偏心率"不足"，即 $e < 1$ 时，圆锥曲线就是个椭圆；当偏心率"正好"，即 $e = 1$ 时，圆锥曲线就是条抛物线；而当偏心率"过度"，即 $e > 1$ 时，圆锥曲线就是条双曲线。这就是阿波罗尼奥斯对 3 种圆锥曲线命名中所蕴含的意思。

在平面和正圆锥面相交的模型中，偏心率还有另外一个定义，即 $e = \dfrac{\cos\beta}{\cos\alpha}$。这样，当 $\beta = 90°$ 时，$e = 0$，椭圆化成圆；当 $90° > \beta > \alpha$ 时，$e < 1$，截得的是椭圆；当 $\beta = \alpha$ 时，$e = 1$，截得的是抛物线；而当 $\beta = 0$ 时，$e = \dfrac{1}{\cos\alpha} > 1$，截得的是双曲线。特殊地，当 $\alpha = 90°$ 时，正圆锥面化为一个平面，这时两个平面相交得到一条直线，同时 $e = \dfrac{\cos\beta}{0} = \infty$，即当偏向率为无穷大时，圆锥曲线化为一条准线。

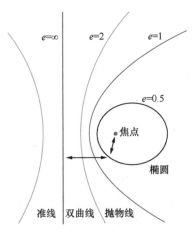

图 3.1.7　不同的圆锥曲线及其偏心率

偏心率常被用于度量圆锥曲线形状偏离圆的程度。当 $e = 0$ 时，此时的圆锥曲线就是圆，没有偏离；当 $e = \infty$ 时，此时圆锥曲线化为准线，形状偏离圆最大。在天文学中，偏心率是定义天体运行轨道的重要参数。在太阳系的几大行星中，地球轨道的偏心率为 0.0167，可以说非常接近圆；而水星轨道的偏心率最大，为 0.2056，是一个标准的椭圆。彗星轨道一般具有较大的偏心率，太阳处于其轨道的一个焦点上。对于椭圆轨道的彗星，一般来说，其偏心率越大，公转周期就相对越长，比如哈雷彗星的轨道偏心率约为 0.967，其公转周期为 76 年；而海尔-波普彗星的轨道偏心率约为 0.995，其轨道非常接近抛物线，公转周期长达 2500 多年。对于那些抛物线或者双曲线轨道的彗星，它们来自太阳系外，绕过太阳到此一游后就永远不会再回来。比如 2017 年的太阳系外来客奥陌陌（Oumuamua），其偏心率高达 1.2，轨道呈双曲线形状。

圆锥曲线有很多性质，其中一个被称为阿波罗尼奥斯圆（简称阿氏圆）。所谓阿波罗尼奥斯圆，即平面中到两个定点的距离之比为定值的点的集合，它一定是一个圆。

如图 3.1.8 所示，设两个定点分别为 A 和 B，动点 P 满足 $\frac{|PA|}{|PB|} = k$。作线段 AP、AB 的延长线，分别作 $\angle APB$ 的内角平分线 PM 和外角平分线 PN，分别交 AB 及 AB 延长线于 M 和 N。根据内角平分线和外角平分线的性质，分别有 $\frac{|PA|}{|PB|} = \frac{|MA|}{|MB|}$ 和 $\frac{|PA|}{|PB|} = \frac{|NA|}{|NB|}$。

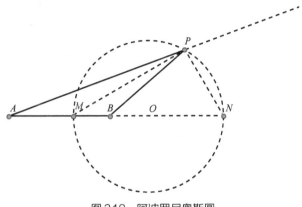

图 3.1.8　阿波罗尼奥斯圆

根据动点 P 的约束条件，$\frac{|PA|}{|PB|} = k$，所以有 $\frac{|MA|}{|MB|} = \frac{|NA|}{|NB|} = k$，即 M 和 N 为不依赖于 P 的定点，M 内分线段 AB 为 $k:1$ 的两段，N 外分线段 AB 为 $k:1$ 的两段。

又因为 PM 和 PN 分别为内角和外角平分线，所以 $\angle MPN = \frac{180°}{2} = 90°$，因此 P 为以 MN 为直径的定圆上的一个点。阿波罗尼奥斯圆问题得证。

通过阿波罗尼奥斯圆，我们得到了圆的另一个定义：平面中到两个定点的距离之比为定值的点的集合。这个定义和椭圆、双曲线的定义非常相似，同样是动点到两个定点的距离，只不过圆是两个距离之比为定值，椭圆是两个距离之和为定值，而双曲线是两个距离之差的绝对值为定值。

圆锥曲线的反射性质在光学上有着广泛的应用。所谓反射性质，指的是如果一束光从某个圆锥曲线的一个焦点发射，并在圆锥曲线上发生反射或者逆向反射后，将聚焦在该圆锥曲线的另一个焦点上。

对于圆来说，从圆心发射的任何一束光经圆周反射后必定原路返回圆心。因为圆是椭圆的特例，两个焦点重合于圆心，所以这一反射性质成立。

对于椭圆来说，从一个焦点发出的光经椭圆反射后将会聚于另一个焦点

（图 3.1.9）。

对于双曲线来说，从一个焦点发出的光经双曲线逆向反射后将会聚于另一个焦点（图 3.1.10）。

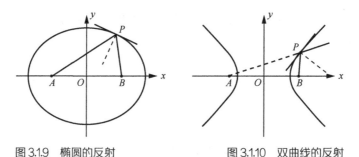

图 3.1.9　椭圆的反射　　　　图 3.1.10　双曲线的反射

而对于抛物线来说，从其焦点发出的光经抛物线反射后将垂直于准线，并平行地射向无穷远处（图 3.1.11）。

圆锥曲线的这些性质常被用在科研和生活之中，比如电影放映机就采用了椭圆反射面，灯丝在椭圆的一个焦点上，连接放映镜头的卡门则放置在另一个焦点的位置上，这样灯丝发射出来的所有光线通过椭圆面反射后都被聚焦在了卡门上，放映镜头获得了最大

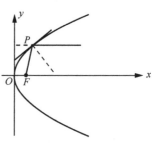

图 3.1.11　抛物线的反射

的光强。又比如反射式天文望远镜中采用了抛物线和双曲线弧面的镜片组合，有效地消除了像差和畸变。而抛物线曲面的反射镜在生活中则更为常见，比如太阳能热水器通过抛物线曲面将平行的太阳光聚焦在焦点处的储水器上，又比如探照灯将焦点处灯丝发出的光线经抛物线曲面反射成平行光投射出去等。

在建筑方面，圆锥曲线的优美造型越来越多地被用于建筑外观的设计上。在核电厂和热电厂，往往建有高大的冷却塔，出于对冷却效果和冷却驱动方式的考虑，这些冷却塔的外形都被设计成双曲线的形状。广州的地标建筑广州塔则更多地出于建筑美学的考虑，同样选择了双曲线的造型，被人们亲切地称作"小蛮腰"（图 3.1.12）。

位于北京的国家大剧院则采用了无柱的钢架结构，支撑起了一个巨大的椭球外形（图 3.1.13）。这一造型使得国家大剧院拥有超大的内部空间，穹顶高挑，建筑构造充满美感。

图 3.1.12 "小蛮腰"广州塔

图 3.1.13 国家大剧院

如果悉尼歌剧院的建造推迟到今天，恐怕乌松就不再有那么多烦恼了。毕竟这半个多世纪以来，建筑学在理论和技术方面都得到了长足的发展，加之高强度的新型建筑材料不断出现，这一切都使得建筑师们在美学设计和工程实现之间拥有了更大的自由。

第 3 章 自然的曲线

圆锥曲线： 又称圆锥截面、二次平面曲线，是通过一个正圆锥面和一个平面完整相交得到的曲线、包括圆、椭圆、抛物线、双曲线及一些转化类型。

偏心率： 圆锥曲线上的一个点到一个定点（焦点）的距离与到一条定直线（准线）的距离之比。

阿波罗尼奥斯圆： 平面中到两个定点的距离之比为定值的点的集合为一个圆。

3.2 来自英国的匿名信

> "这是一条有着许多奇异之处的曲线，数百年来一直吸引着数学家们的目光。在一个多世纪的时间里，摆线引发了太多的是非、争吵和争斗，所以它被称为几何学的海伦。"
>
> ——匿名

1697 年的复活节，瑞士巴塞尔。

数学家约翰·伯努利（Johann Bernoulli）的书桌上躺着一封来自英国的信，信的内容是对最速降线（又称捷线）问题的解答，解答很完美，但作者并没有署上自己的名字。

"哼，想都不用想，它肯定出自牛顿之手。"

这是一次对最速降线问题的公开征集活动，同样也可以视为对数学家们的一个挑战。几个月前，伯努利在期刊 *Acta Eruditorum* 上宣称他已经得到了最速降线问题的答案，并向全欧洲的数学家征集其他可能的解答，约定的比赛截止日期为 1697 年的复活节。

所谓"最速降线问题"，即"将一小球置于垂直平面的顶部，沿何种曲线下降它将在最短的时间内到达底部"。如图 3.2.1 所示，小球沿着红色曲线下降，比沿着两点间的直线，或者垂直和水平直线的组合路线下降要更快。

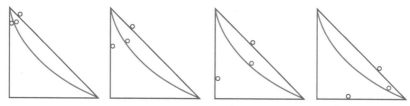

图 3.2.1　沿最速降线滚动的小球最先到达底部

最开始研究这个速度最快的下降曲线（最速降线）的是以梅森素数闻名的法国数学家马兰·梅森（Marin Mersenne）。16 世纪末，最速降线被大名鼎鼎的伽利略命名为摆线（cycloid），他在这个问题上花了几十年的时间，得出最速降线应该是一段圆弧的结论，但没有给出任何证明。

继伽利略和梅森之后，法国数学家罗贝瓦尔（Gillesde Roberval）于 1628 年也开始研究摆线。1634 年，罗贝瓦尔证明了摆线下方的面积是生成它的圆的面积的 3 倍，他采用的方法帮助他赢得了法国皇家学院数学领域的席位，由于该席位每 3 年需要重新竞选，因此罗贝瓦尔决定不公开发表已经取得的关于摆线的其他一些研究成果，以便在下一次竞选中使用它们。罗贝瓦尔因此成功地在法国皇家学院待了 40 年，期间有不少数学家陆续发表了关于摆线的一些成果，罗贝瓦尔都声称他对此早有定论，因为并无公开发表的论文支持他，这些争论一直不能平息。其中最有名的争论是关于摆线面积和切线关系的解释，曾经担任过伽利略助手的意大利物理学家和数学家托里拆利（Evangelista Torricelli）于 1644 年发表了相应的结果却遭到了罗贝瓦尔的指控，后者认为前者剽窃了他的成果。现在的历史学家一般认为，托里拆利的成果确实来自自己的独立研究。

1658 年，在多个领域颇有建树的法国科学家帕斯卡（Blaise Pascal）在摆线研究上取得了一些新的进展，他决定针对这些问题设立一个公开挑战赛，并为收集到的最佳解答设立一等奖和二等奖。为了保证公正性，帕斯卡邀请了罗贝瓦尔担任评委之一。不过出乎帕斯卡意料的是，挑战赛仅仅收到两套解答方案，经过讨论，帕斯卡和罗贝瓦尔认为这两套解答方案水平不足以获奖，拒绝为两位参赛者提供奖金。相反，帕斯卡将自己的研究进展发表，并写了一篇名为《论摆线》的文章，文章中在谈到罗贝瓦尔和托里拆利的争论时，帕斯卡明显地站在了罗贝瓦尔一边。

时间到了 1696 年，此时数学家们已经知道摆线不可能是伽利略认为的圆弧，但对此还缺少严格的数学证明。约翰·伯努利通过自己的研究已经得到了正确的解答，但他不满足于仅仅将结果发表，而是组织了这次截止日期为 1697 年复活节的公开征集活动。

现在，除了他自己的解答，约翰·伯努利手上还有 4 份答复，分别来自他同为数学家的哥哥雅各布·伯努利（Jakob Bernoulli），跟随他学习微积分的学生洛必达，他的微积分老师、德国数学家莱布尼茨，以及这一封来自英国的匿名信。牛顿和莱布尼茨在微积分理论上存在一些分歧，加上莱布尼茨和约翰·伯努利之间的师生关系，很显然牛顿不愿意以正常的方式参加这次公开征集活动。

好在科学并不会因为科学家之间的个人恩怨而改变，4 份答复，加上约翰·伯努利自己的解答，全都指向了最速降线的正确答案——摆线。然而，在公开征集活动之后，伯努利兄弟俩都坚持自己才是第一个得出摆线正确答案的人，兄弟俩互相指责对方剽窃了自己的成果，为此两人争吵了很多年。再后来，约翰·伯努利和他的天才儿子丹尼尔·伯努利在流体力学方面的成果归属上也展开了争夺，后者最终捍卫了自己"伯努利定律发明者"的荣誉。

那么摆线，这位几何学中的"海伦"，究竟有哪些优美的数学特性使得如此多的大师级的人物为之倾倒，为之争斗呢？

摆线即圆周上一定点在该圆沿直线滚动时形成的轨迹。这个圆也被称作生成该摆线的母圆（图 3.2.2）。

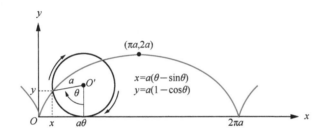

图 3.2.2 摆线的轨迹和参数方程

摆线的参数方程为

$$x = a\,(\theta - \sin\theta)$$
$$y = a\,(1 - \cos\theta)$$

其中，a 为生成它的母圆的半径，θ 为弧度制表示下的母圆转动的角度。

从数学的角度来说，摆线有着很多美丽的特性。比如摆线的长度是生成它的母圆的直径的 4 倍，又比如摆线下方的面积是生成它的母圆的面积的 3 倍。和最速降线相关的特性是，如果在摆线上任意多个点上摆放多个小球，同时松开小球，所有的小球将同时到达底部。荷兰物理学家惠更斯正是根据这一特性设计和制造出了摆线式钟摆（图 3.2.3），因为摆线的"等时性"，无论钟摆的摆幅多大，均能确保其摆动周期严格一致。

在生活中，基于摆线的设计也随处可见。

图 3.2.3 摆线式钟摆

比如，我国古典建筑中的屋顶设计就采用了摆线轮廓（图 3.2.4）。无论是故宫里的太和殿，还是江南民居，这些建筑的屋顶坡面都呈摆线形状，这使得雨水能够以最快的速度沿坡面排走，从而减小了在暴雨中雨水量给屋顶带来的负荷。

图 3.2.4　我国古典建筑中的摆线元素

又比如，由圆内一定点在该圆沿直线滚动时形成的轨迹被称为短摆线，短摆线常常用于包括大提琴、小提琴和吉他在内的弓形乐器的面板轮廓设计中。

和摆线相比，另有一条曲线虽然没有"几何学的海伦"这么大的名头，但它也曾是伽利略、惠更斯、莱布尼茨等科学家废寝忘食为之求解的问题，也曾给伯努利兄弟反目埋下了导火索，这条曲线就是悬链线。

悬链线（catenary）是一种常见的曲线，悬在水平两点间的软绳因地球引力作用而形成的形状就是悬链线。伽利略曾经研究过悬链线的形状，但很可惜，和对摆线的研究类似，伽利略错误地认为悬链线就是一条抛物线，持同样观点的还有雅各布·伯努利。不过，这个问题很快被惠更斯、莱布尼茨和约翰·伯努利解决——悬链线的形状实际上是一个双曲余弦函数曲线。约翰·伯努利不仅骄傲于自己解答的正确，而且在和友人的通信中还对哥哥雅各布·伯努利的错误判断大加嘲讽，这一行为加剧了兄弟之间的矛盾，并使得两人在各自解决了最速降线问题后互相攻讦。1705 年，雅各布·伯努利死于痛风，伯努利家族的内斗才告一段落。

悬链线的数学公式为 $y = a \cdot \cosh(\frac{x}{a})$，其中 a 是一个和悬链本身性质和悬挂方式有关的常数，也是曲线顶点到横坐标轴的距离。cosh(x) 是双曲余弦函数，它和以自然常数 e 为底的指数函数有关，即 $\cosh(x) = \dfrac{e^x + e^{-x}}{2}$。图 3.2.5 展示了不同 a 值的悬链线经过平移后的叠加效果。

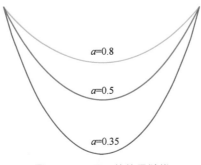

图 3.2.5　不同 a 值的悬链线

法国著名昆虫学家法布尔在其《昆虫记》一书中有一段文字专门讲到悬链线和自然常数 e："每当地心引力和扰性同时发生作用时，悬链线就在现实中出现了。当一条悬链弯曲成两点不在同一垂直线上的曲线时，人们便把这曲线称为悬链线。这就是一条软绳子两端抓住而垂下来的形状；这就是一张被风吹鼓起来的船帆外形的那条线条；这就是母山羊奄拉下来的乳房装满乳液后鼓起来的弧线。而这一切都需要 e 这个数。"

悬链线也有不少特殊的性质。比如对于特定长度的曲线，悬链线的重心是最低的，具有的势能最小。又比如在给定边界圆的情况下，悬链线形成的曲面表面积最小。再比如，在 x 轴上任取一个区间，在此区间中，悬链线和 x 轴之间围成的面积与悬链线的长度之比等于 a，这个比值与区间的起始点或长度无关。

在日常生活中，悬链线的例子比比皆是，比如步行街隔离桩之间悬挂的铁链，输电塔之间的高压电线，以及在建筑设计中的悬链拱。所谓悬链拱就是将自然垂下的悬链线形状翻转成为一个拱形，因为拱的竖向荷载是它的自重，所以悬链线的形状有利于在最大限度上减小导致建筑材料弯曲、破裂的剪应力。美国的圣路易弧形拱门（Gateway Arch）就是一个悬链拱设计的地标性建筑（图 3.2.6）。

图 3.2.6　美国圣路易弧形拱门

伯努利家族的第一次内斗以雅各布·伯努利的辞世而告终，在他和弟弟的数次交锋中，雅各布·伯努利似乎处于下风。他在悬链线上做出了错误的判断，在摆线的证明上虽然准确无误，却没有约翰·伯努利借助光程最短的费马原理进行证明来得巧妙。在雅各布·伯努利的墓碑下端，刻着一条蚊香状的曲线，沿着曲线的外周刻着这么一句话：EADEM MUTATA RESURGO，意思是"纵使改变，依然故我"（图 3.2.7）。乍一看，这个墓志铭似乎是在哲学层面上为兄弟俩之间的争斗画上了一个句号：纵使经历了逆境中的千般变化，哪怕在死亡之后，坚毅不屈的精神终将回归完美的自我。

图 3.2.7　雅各布·伯努利墓碑下端的曲线

但实际上，雅各布·伯努利希望展示的是那条"蚊香"和它的性质。

这条"蚊香"，就是同样大名鼎鼎的等角螺线——尽管数学不好的工匠将它雕刻成了一条阿基米德螺线。

等角螺线（equiangular spiral）（图 3.2.8）又叫对数螺线。1638 年，笛卡儿对等角螺线进行了讨论；随后，雅各布·伯努利对等角螺线进行了广泛而详细的研究。如果说对摆线和悬链线的研究成果来自众多数学家的贡献，那么人们对等角螺线性质的认识，则主要来自雅各布·伯努利丰硕的研究成果。

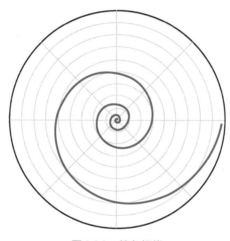

图 3.2.8　等角螺线

在极坐标系中，**等角螺线的公式为** $r = a \cdot e^{b\theta}$，即曲线与极点的距离和极角的指数函数成正比。而阿基米德螺线是等速螺线，它的公式为 $r = a + b\theta$，即曲线与极点的距离和极角呈线性关系。从两个公式可以看出，在从极点引出的任意一条射线方向上，阿基米德螺线的间距恒定等于 $2\pi b$；而等角螺线的间距则以几何级数增加，呈发散形式。因此，为雅各布·伯努利制作墓碑的工匠刻下的确实是一条阿基米德螺线，而不是等角螺线。

在对等角螺线的研究中，雅各布·伯努利发现将等角螺线做某些数学变换后，所得的曲线仍然是等角螺线，甚至是全等的等角螺线。这些变换包括求等角螺线的垂足曲线、渐屈线等，也包括将等角螺线以极点为中心进行伸缩变换……在所有这些变换操作之后，得到的仍然是一个等角螺线。等角螺线的这个特性，才是雅各布·伯努利那句墓志铭"纵使改变，依然故我"想表达的意思。

自然界中也存在着非常多螺线的例子。比如，鹦鹉螺的外部切面就呈现出螺线的形状，这也是"螺线"一词的来历；又比如，向日葵花盘和松果上种子的弧形排列，也呈螺线形状，这样可以使得果实排列最为紧密，数量最多，繁殖效率最高（图3.2.9）。

图 3.2.9　自然界中的螺线

彩蛋问题

有一根长度为 80 米的无弹性软绳，其两端分别被固定在高为 50 米的两根柱子顶端，当软绳的底部距离地面 10 米时，试求两根柱子之间的距离。

本节术语

摆线：在数学中摆线被定义为，当一个圆在一条直线上滚动时，圆周上的一个定点所形成的轨迹。

悬链线：是一种曲线，指两端固定的一条（粗细与质量分布）均匀、柔软（不能伸长）的链条，在重力的作用下所具有的曲线形状。

等角螺线：又称对数螺线或生长螺线。在极坐标系 (r, θ) 中，等角螺线可以写作 $r = a \cdot e^{b\theta}$；或者对数形式下的 θ 表达式 $\theta = \frac{1}{b} \cdot \ln\left(\frac{r}{a}\right)$。

等速螺线：又称阿基米德螺线。在极坐标系 (r, θ) 中，等速螺线可以写作 $r = a + b\theta$。

课堂上来不及思考的数学

3.3　自信的教授

"I do not know why even questions which bear so little relationship to mathematics are solved more quickly by mathematicians than by others."

—— Leonhard Paul Euler

"我不知道甚至对于那些和数学没什么关系的问题，为什么数学家也比其他人解决得更快。"

—— 莱昂哈德·欧拉

在马克·吐温的小说《汤姆·索亚历险记》中，汤姆和小伙伴们聊到了这么一个问题：一位画家给一头棕色的牛和一只棕色的狗作画，如果想让你在看到画的第一眼就能区分开这两只动物，他会怎么做？你肯定不希望它们都被画成棕色，如果画家将其中的一只画成棕色、另一只画成蓝色，那么你就不会认错了。地图也是这样，不同的州有着不同的颜色，这并不是为了蒙骗你，而是为了让你不会蒙骗你自己。

汤姆的结论是对的——为了区分平面地图上的不同区域，我们不得不使用不同的颜色来给这些区域涂色，使得每两个相邻区域的颜色都不一样。那么，对于任意形状且没有飞地[1]的地图来说，至少需要几种颜色才能达到这个要求呢？

假设有某国 A，它和 B 国、C 国、D 国接壤，而 B、C、D 三国之间也互为邻国（图 3.3.1）。很显然，要绘制 A 国和它的 3 个邻国的地图，我们需要 4 种不同的颜色。

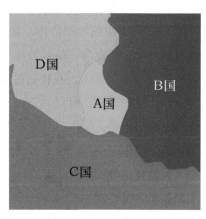

图 3.3.1　A 国及其邻国示意图

---

[1]　飞地，一种特殊的人文地理现象，指隶属于某一行政区管辖但不与本区毗连的土地。

1852 年，南非数学家弗朗西斯·格思里（Francis Guthrie）提出一个猜想：对于任意无飞地的平面地图，最多只需要 4 种颜色进行涂色，就可以使得每两个相邻区域的颜色各不相同，这就是著名的"四色问题"。四色地图猜想一经提出，就引起了不少数学爱好者的兴趣。大家发现，不论地图多么复杂，确实只需要 4 种颜色就可以完成涂色；但是，证明这个猜想却不是那么简单的，这个问题似乎和通常的数学问题不大一样，已有的那些数学知识和定理在这个问题上完全"使不上力"。

随着四色地图猜想的名气越来越大，不少数学家也开始着手研究这个问题。出于数学家的骄傲，不少人在这个问题上栽了跟头，其中流传最广的就是闵可夫斯基的故事。

赫尔曼·闵可夫斯基（Hermann Minkowski，又译作赫尔曼·明科夫斯基）是出生于俄国的犹太人，年幼时随全家搬到普鲁士的柯尼斯堡定居，长大后在柏林大学和柯尼斯堡大学学习，成了著名的数学家。除了闵可夫斯基不等式以外，闵可夫斯基还是四维时空理论的创立者，而且他是数学家希尔伯特的挚友以及爱因斯坦的老师。

学术上这么成功，朋友圈又这么强大，闵可夫斯基教授自然是充满自信的。所以，当他第一次看到四色地图猜想时，他便觉得这个问题很不错，可以拿到他在格丁根大学（又译为哥廷根大学）教授的拓扑学课程中作为一个例题。

在一个阳光明媚的上午，闵可夫斯基教授开始了一堂寻常的拓扑学课。他向学生们展示了四色地图猜想，并自信地说："这个问题之所以还只是一个猜想、还没有成为一个定理，是因为到目前为止只有一些三流的数学家在这个问题上花过时间。在这节课上，我将通过证明将它从一个猜想变成一个定理。"自信的教授开始了他的推演，时间一分一分地过去，当这节拓扑学课结束时，闵可夫斯基似乎找到了思路，但没有完成证明。于是，在下一次拓扑学课上，教授继续进行他的证明工作……

就这样，教授的努力一直持续了好几个星期。在一个乌云密布的上午，闵可夫斯基教授又一次开始了他的拓扑学课。当他跨进教室时，恰好有一道闪电划过天空，随之而来的是震耳的雷声。闵可夫斯基沮丧地说："也许上天都被我的傲慢给激怒了。我承认，过去几个星期中我给出的证明是不完备的，这个猜想还不能成为一个定理。"

虽然闵可夫斯基在四色地图猜想上栽了跟头，但这并不妨碍他成为一位伟大的数学家。欧拉也曾经在涉及此类问题之初表现出强烈的自信；不同的是，欧拉没有栽跟头，反而揭开了数学中的重要分支——拓扑学和图论的面纱。

时间拉回到 18 世纪 30 年代，地点仍然在闵可夫斯基的第二故乡柯尼斯堡。

普鲁士重镇柯尼斯堡是一个在贸易和军事上都极具战略地位的城市（图 3.3.2），普列戈利亚河从城中纵贯而过，将柯尼斯堡分割成两块陆地和河中大小两个岛屿。人们在陆地和岛屿之间共建有 7 座桥，当时在柯尼斯堡的市民中流传着一个挑战：如何设计一条路线，可以经过所有的 7 座桥，且每座桥只经过 1 次？

图 3.3.2　柯尼斯堡简图

在一开始的尝试中，不少人败下阵来，但这反而吸引了更多的人参与。人们饶有兴趣地穿行在岛屿和陆地之间，把这个挑战当成了一个茶余饭后的娱乐活动。很快地，柯尼斯堡的数学爱好者们意识到这样的路线并不存在，但如何证明这种不存在性仍然是个挠头的问题。

柯尼斯堡七桥问题于是被人写信寄往圣彼得堡，送到了当时在俄国皇家科学院担任数学部主任的欧拉手中。出生于瑞士的欧拉，被誉为有史以来最伟大的数学家之一和近代数学的先驱，因为他长期生活在俄国和普鲁士，所以他是柯尼斯堡七桥问题爱好者们眼中的最佳求助对象。

欧拉看到七桥问题，便认为这个问题和数学没什么关系，它仅仅是一个普通人基于推理常识就可以解决的问题，不一定非得数学家出手。在接下来的思考中，欧拉发现在这个"几何"问题中，线段的长度和线段之间的夹角并不那么重要，问题的核心在于陆地和岛屿之间是否有桥梁进行了连接。莱布尼茨曾将类似的问题称为"位置的几何"，而欧拉意识到在这个问题中，只要连接性保持不变，位置也是一个可以忽略的参数。

为了将实际问题转化为数学问题，欧拉将柯尼斯堡的两块陆地和两个岛屿分别编号为 $A \sim D$，陆地和岛屿之间的 7 座桥分别编号为 $1 \sim 7$，这样他得到了第一张简图（图 3.3.3）。

在七桥问题中，陆地和岛屿的大小、桥的长度都和路径的设计无关。所以在第一张简图的基础上，问题可以进一步用第二张简图（图 3.3.4）的模型来描述：陆地和岛屿简化为顶点 (vertex)，桥简化为连接两个顶点的边 (edge)。这样，柯尼斯堡七桥问题就被简化为，是否存在一条路径，从 $A \sim D$ 的某一个顶点出发，可以遍历 $1 \sim 7$ 这 7 条边，且每条边仅经过 1 次。

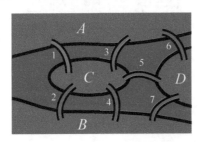

图 3.3.3　柯尼斯堡七桥问题简图

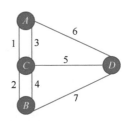

图 3.3.4　简化为顶点和边的柯尼斯堡七桥问题

正如欧拉敏锐地意识到，在七桥问题中，顶点和边的位置也与路径的设计无关，所以以下两张简图（图 3.3.5）和第二张简图一样，都是对柯尼斯堡七桥问题简化后的等价模型。

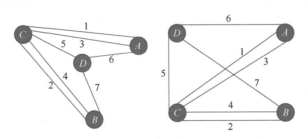

图 3.3.5　柯尼斯堡七桥问题的两个等价模型

虽然以上几张简图形状不同，但它们所表示的各个顶点之间的连接性是相同的。如果把某一个顶点所拥有的边的数目称为这个顶点的**自由度 (degree)**，那么七桥问题 4 个顶点的自由度分别为 $\deg(A) = 3$、$\deg(B) = 3$、$\deg(C) = 5$ 和 $\deg(D) = 3$。因为每条边对应 2 个顶点，所以 4 个顶点的自由度之和为 14，正好是边数的 2 倍。在更一般的情况中，**因为所有顶点的自由度之和等于边数的 2 倍，一定为偶数，所以拥有奇数自由度的顶点数也一定为偶数。**

现在让我们来考虑一下路径。任意一条路径都有一个起始顶点、若干个途经顶点和一个终止顶点，在七桥问题中，顶点可以在路径中重复出现，但顶点之间的边不能重复，所以诸如 $A \to 1 \to C \to 2 \to B \to 4 \to C \to 3 \to A$，或者 $A \to 1 \to C \to 5 \to D \to 6 \to A \to 3 \to C \to 4 \to B$，都是符合要求的路径；而 $D \to 5 \to C \to 4 \to B \to 7 \to D \to 5 \to C$ 因为边 5 重复出现，所以不符合要求。

对于路径中的途经顶点来说，每一次"途经"都将给它的自由度增加 2：进入该顶点的边给它的自由度增加了 1，而离开该顶点的边给它的自由度也增加了 1。因此，不论路径途经该顶点 1 次，还是多次，途经顶点的自由度一定为偶数。类似地，对于起始顶点来说，路径出发时只有一条离开的边，所以不论该顶点是否再次出现在路径的途中，该顶点的自由度一定为奇数。同样，终止顶点的自由度也一定为奇数。

由此可见，一条路径中除了起始和终止顶点的自由度为奇数以外，其他途经顶点的自由度一定都为偶数。在柯尼斯堡七桥问题中，A、B、C、D 这 4 个顶点的自由度分别为 3、3、5、3，全为奇数，如果某条路径经过了所有 4 个顶点，那么除了起始和终止顶点，途经的两个顶点的自由度一定为偶数，这意味着连接着它们的某条边一定没有被该路径经过。换句话说，对于七桥问题，并不存在某条路径遍历了所有的 7 条边，且每条边仅经过 1 次。

我们把顶点 V 和边 E 的组合称为图 $G(V, E)$，如果存在某条路径可以遍历所有的边 E，且每条边仅经过 1 次，那么这样的路径被称为欧拉路径，这样的图被称为欧拉图。根据以上推理，欧拉得出结论：**当图 G 有且仅有两个顶点具有奇数自由度，而其他顶点都具有偶数自由度时，这张图一定存在欧拉路径，这张图为欧拉图；反之，则这张图一定不存在欧拉路径，这张图不是欧拉图。** 在柯尼斯堡七桥问题中，有 4 个顶点具有奇数自由度，所以它一定不存在欧拉路径。

如果对图的定义进行进一步延伸，我们还可以得到有向图的概念，即顶点之间的边是具有方向性的。柯尼斯堡七桥问题的图是无向图，这意味着路径可以从顶点 A 经过边 1 到达顶点 B，也可以从顶点 B 经过边 1 到达顶点 A；而在有向图中，所有的边都是"单行道"，比如从顶点 A 到顶点 B 的有向边 E 可以记为 $E = A \rightarrow B$。

现实中有不少有向图和无向图的例子，比如在社交媒体中，微博的关注关系就是一个有向图的模型，而微信的朋友关系则是一个无向图的模型。在微博中，A 关注了 B，即形成了一条从 A 指向 B 的边；在微信中，A 是 B 的好友，必然意味着 B 也是 A 的好友，所以 A 和 B 之间的朋友关系是没有指向性的。在图 3.3.6 中，左边的有向图表示在微博中 A 和 C 互相关注，A 关注了 B 而 B 关注了 C；右边的无向图表示在微信中 A、B 和 C 互为好友。

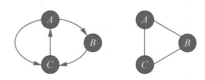

图 3.3.6　微博关注和微信好友关系的图模型

柯尼斯堡七桥问题寻找的是欧拉路径，即要求遍历所有的边，且每条边只经过一次。如果我们换一种挑战，在柯尼斯堡寻找某条以顶点 A 开始、以顶点 B 结束的路径同时遍历所有的顶点，且每个顶点只经过一次，是不是有可能呢？答案是显然的，而且存在不止一条这样的路径，比如 $A \rightarrow 1 \rightarrow C \rightarrow 5 \rightarrow D \rightarrow 7 \rightarrow B$，或者 $A \rightarrow 6 \rightarrow D \rightarrow 5 \rightarrow C \rightarrow 4 \rightarrow B$，都可以从顶点 A 开始、以顶点 B 结束，在不重复顶点的情况下遍历所有顶点。

在一张无向图中，由指定的起点前往指定的终点，途中经过所有其他顶点且只经过一次的路径被称为哈密顿路径，含有哈密顿路径的图被称为哈密顿图。和欧拉路径相比，寻找哈密顿路径似乎应该更简单一些，因为对于大多数的图来说，边的数目往往比顶点的数目要更多一些。然而实际上，早在 18 世纪就由欧拉给出了欧拉路径是否存在的简明的判别条件，而关于哈密顿路径是否存在至今也没有一个直观、简单的判别条件，寻找哈密顿路径是一个典型的 NP 完全问题。

关于欧拉路径和哈密顿路径，我们来看一个例题。如图 3.3.7 所示，一座平房有 7 个房间，房间和房间之间有门相通，请问：是否存在某一个路径，可以不重复地遍历所有的门？是否存在另一个路径，可以不重复地遍历所有的房间？如果存在这样的路径，是否对路径的起始和终止房间有要求？

　课堂上来不及思考的数学

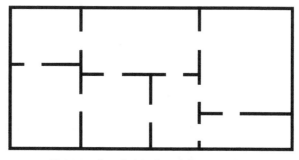

图 3.3.7 有 7 个房间的平房的平面示意图

我们将房间看作一个顶点，两个房间之间的门看作连接两个顶点的边，这样房间的平面图就可以转化成一张无向图（图 3.3.8）。

不重复地遍历所有的门，等同于不重复地遍历所有的边，即找到图中的欧拉路径。分析每个顶点的自由度，可以发现除了 C 和 F 以外，其他顶点的自由度都为偶数。因此，至少存在一条以 C 和 F 为两端的欧拉路径，如 $C \to 3 \to D \to 5 \to E \to 4 \to C \to 2 \to B \to 7 \to E \to 6 \to F \to 8 \to B \to 1 \to A \to 10 \to G \to 9 \to F$，或者 $F \to 9 \to G \to 10 \to A \to 1 \to B \to 2 \to C \to 3 \to D \to 5 \to E \to 6 \to F \to 8 \to B \to 7 \to E \to 4 \to C$ 等。

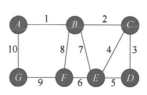

图 3.3.8　有 7 个房间的平房的无向图模型

不重复地遍历所有的房间，等同于不重复地遍历所有的顶点，即找到图中的哈密顿路径。显然，避开边 8、7 和 4，从任一顶点出发绕着外围的边走一圈即一个哈密顿路径，如 $A \to 1 \to B \to 2 \to C \to 3 \to D \to 5 \to E \to 6 \to F \to 9 \to G$ 等。

在解决了柯尼斯堡七桥问题 10 多年后，1750 年，欧拉在立体几何中又发现了一个有趣的现象。四面体有 4 个顶点、6 条棱；六面体有 8 个顶点、12 条棱……在后续的研究中，欧拉发现，**对于任意一个凸多面体，其面数 F、顶点数 V 和棱数 E 一定满足以下关系：$V - E + F = 2$，这个关系被称为"多面体欧拉定理"**。因为凸多面体在拉伸、平移顶点等操作后，面数、顶点数和棱数都不会发生变化，所以多面体欧拉定理也被认为是三维拓扑学的第一个定理。

关于多面体欧拉定理的证明方法有很多，最常见的是数学归纳法。简单来说，就是假设对于任意顶点数 $V' = k$ 的凸多面体都满足 $V' - E' + F' = 2$。现对一顶点数 $V = k + 1$ 的凸多边形的某一条边 e_5 进行收缩操作，将这条边两端的两个顶点收缩成一个顶点（图 3.3.9）。

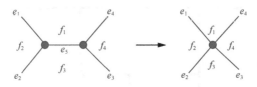

图 3.3.9 将边 e_5 收缩，使得两端的顶点收缩成一个顶点

可以看到，在这个收缩操作的前后，两个凸多面体的面数没有变化，$F'=F$；顶点数减少了 1，$V'=V-1$；边数也减少了 1，$E'=E-1$。因为收缩后的凸多面体顶点数为 k，有 $V'-E'+F'=2$，将上述关系式代入后得到 $V-E+F=2$，即任意顶点数为 $k+1$ 的凸多面体也满足多面体欧拉定理，定理得证。

多面体欧拉定理可以用于正多面体的研究。所谓正多面体，就是**每一个面都是全等的正多边形的凸多面体**。早在古希腊时代，人们就猜测只存在 5 种正多面体，即正四面体（每个面为正三角形）、正六面体（每个面为正方形）、正八面体（每个面为正三角形）、正十二面体（每个面为正五边形）和正二十面体（每个面为正三角形）（图 3.3.10）。

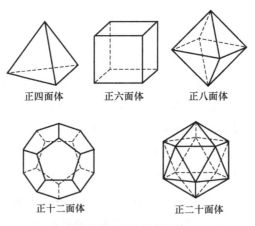

图 3.3.10　5 种正多面体

使用多面体欧拉定理，可以对这 5 种正多面体存在的唯一性给出简明的证明。

假设正多面体的每个面为正 p 边形（$p>2$），每个顶点的自由度为 q（$q>2$）。注意到每条边连接了两个顶点，且每条边是两个面的分界线，所以有 $V=\dfrac{2E}{q}$ 和 $F=\dfrac{2E}{p}$，代入欧拉公式 $V-E+F=2$，得到 $\dfrac{2E}{q}-E+\dfrac{2E}{p}=2$，即 $\dfrac{1}{q}+\dfrac{1}{p}=\dfrac{1}{2}+\dfrac{1}{E}$。

因为 $E>0$，所以 $\dfrac{1}{q}+\dfrac{1}{p}>\dfrac{1}{2}$；又因为 p、q 都为大于 2 的整数，所以得

到 $2 < p$，$q < 6$，即 (p, q) 的可能组合为 (3, 3)、(3, 4)、(3, 5)、(4, 3) 和 (5, 3)5 种，分别对应正四面体、正八面体、正二十面体、正六面体和正十二面体。证明完毕。

类似于房间和门的那道例题，四色地图猜想中的地图也可以转化为一个无向图的模型，其中地图上的每个区域用一个顶点来表示，两个区域的相邻关系用两个顶点之间的一条边来表示，这张无向图与地图上各个区域面积的大小和绝对位置无关，只与各个区域之间的相邻关系有关。因此，四色地图猜想的图论版本就可以表述为，**最多使用 4 种颜色，就可以给任意一张平面无向图的所有顶点涂色，使得每条边连接的两个顶点颜色不同。**

1879 年，《自然》杂志上刊登了一则消息，称四色地图猜想已经被英国数学家阿尔弗雷德·肯普（Alfred Kempe）证明，完整的证明最后发表在《美国数学杂志》上。在肯普的思路中，先假设国家数目不多于 n 时四色地图猜想成立，再试图证明 $n + 1$ 个国家构成的地图都可以约化为不超过 n 个国家构成的地图，从而证明四色地图猜想成立。这种能够"约去"一个国家、减少国家数的局部构形被称为"可约构形"。

在肯普的文章发表 11 年后，数学界对四色地图定理的热度慢慢退去，此时英国数学家珀西·约翰·希伍德（Percy John Heawood）指出了肯普论证过程中的一个错误，并举出了一个肯普无法解决的反例。这个无法修正的缺陷使四色地图猜想重新回到了大家的视野中，包括闵可夫斯基在内的越来越多的数学家投入这个问题的研究中，但四色地图猜想在此后的几十年中始终没有得到解决。

直到 20 世纪 70 年代，德国数学家沃尔夫冈·哈肯（Wolfgang Haken）和美国数学家肯尼思·阿佩尔（Kenneth Appel）延续肯普的思路，借助计算机强大的计算能力，才完成了所有 1936 个可约构形的验证工作，他们的结果公布于 1976 年的美国数学学会会议上，四色地图猜想首次得到了完备的证明。

四色地图猜想是一个表述简明、严谨的问题，同样也是一个来源于现实生活中的数学问题。经过 100 多年、几代数学家的努力，这个问题才最终得到解决，成为第一个主要通过计算机验证而证明成立的著名数学定理。尽管绝大多数人对四色地图猜想的证明已经不再有疑问，但不少数学家仍然希望能够找到一个不依赖计算机的纯数学证明方法，使得一个合格的数学家能够手动验证其正确性。

　　数学之魅力，在于巧妙的构思，在于严谨的思维，也在于简明的论证。这大概也是一条亘古不变的"另类"数学定理吧。

📚 本节术语

　　四色问题：每个无飞地的地图都可以用不多于 4 种颜色来涂色，使得每两个相邻区域的颜色各不相同。

　　拓扑学：是一门研究拓扑空间的学科，主要研究空间或几何形状在连续变形后（如拉伸和弯曲等，但不包括割断和黏合）还能保持不变的一些性质。

　　图：由若干给定的顶点及连接两顶点的边所构成的图形。图通常用来描述某些事物之间的关系，顶点用于代表事物，连接两顶点的边则表示两个事物的关系。

　　欧拉路径：遍历图中所有的边，且每条边仅经过一次的路径。

　　哈密顿路径：遍历图中所有的顶点，且每个顶点仅经过一次的路径。

　　多面体欧拉定理：凸多面体的面数 F、顶点数 V 和棱数 E 满足关系 $V - E + F = 2$。

3.4 装海水的净瓶

"It is always the case, with mathematics, that a little direct experience of thinking over things on your own can provide a much deeper understanding than merely reading about them."

— Roger Penrose

"对于数学来说，往往总是这样：由自己思考得出的一点点直接经验能够比泛泛地阅读问题带来更加深刻的理解。"

—— 罗杰·彭罗斯

话说唐僧师徒 4 人离开乌鸡国，一行人来到了火焰山，此地火云洞里住着的红孩儿是牛魔王和铁扇公主之子，练得三昧真火的法术，本领十分了得。红孩儿得知唐僧路过，便在半路上扮作一个被绑吊在树上的男孩，试图诱骗唐僧师徒前来搭救，此计被孙悟空识破后红孩儿直接用狂风卷走了唐僧。在接下来的缠斗中，红孩儿用三昧真火打败了孙悟空和前来助阵的四海龙王，再化作观音模样擒住了猪八戒，又识破了孙悟空假扮的牛魔王。可谓三战三捷。

无奈之下，孙悟空只得灰头土脸地去南海请观世音菩萨相助。只见观世音菩萨把手中的宝物净瓶往海水里一扔，过了一会儿，一只乌龟将净瓶驮了上来；孙悟空上前去取，却怎么也拿不动这个小小的瓶子。观世音说："平常它就是个空瓶，刚才我把它扔到海里，此刻它已经将一海的海水装在了里面，以你的力气自然没法摇动它一丝一毫。"

观世音给前来求援的孙悟空"摆了一道"，无非就是借机敲打一下他：别看你齐天大圣威名盖世，在菩萨的法力面前你还得知道自己有几斤几两。

在《西游记》的描述中，天下之海域分为东南西北四海，按照地球上水的总量约为 14 亿立方千米，其中约 97% 在海洋中来计算，海洋中的水大约有 13.6 亿立方千米。观世音这个小小的净瓶装了整整一海之水，即大约 3.4 亿立方千米，其质量合计约 34 亿亿吨，这可比金箍棒的 13500 斤（此处的"斤"为明代计量单位，约合现在的 8 吨）要重太多了，难怪孙悟空去取净瓶如蚍蜉撼树，不能动其丝毫。

小小一个瓶子如何能盛入一海之水？神话归神话，不过在数学中，还真的有一个概念中的"小瓶子"，它可以装下非常之多的海水，甚至可以装下整个世界。这个"小瓶子"就是克莱因瓶。

克莱因瓶（德语：Kleinsche flasche）的名字来源于这个概念的提出者、德国数学家费利克斯·克莱因（Felix Klein），因为数学家的姓氏 Klein 在德语中是"小"的意思，所以我把它戏称为"小瓶子"。实际上，在费利克斯·克莱因于 1882 年提出的最初概念中，所谓克莱因瓶是一种无定向性、无边界的二维表面，所以它的原名很可能是"克莱因平面"（Kleinsche fläche）。因为德语中"平面 / fläche"和"瓶子 / flasche"两个单词拼写很相近，在后续的翻译中人们错把"平面"翻译成了"瓶子"，克莱因平面成了克莱因瓶，最后以讹传讹，德语中最终也就沿用了克莱因瓶的说法。

虽说数学家的本意是想描述这个具有特殊性质的二维表面，但克莱因瓶在三维空间的表现形式确实更像一个瓶子：设想有一个底部凹进去的红酒瓶，将瓶颈延长并折回，瓶口穿过瓶壁进入瓶内，再与凹进去的瓶底相连接，这样我们就得到了一个三维空间中的克莱因瓶（图 3.4.1）。

图 3.4.1　克莱因瓶的形成

看到这个瓶子（图 3.4.2），读者可能会想：除了凹了个造型之外，这个瓶子似乎也没有什么特别之处嘛，如果往上面这个宽口里倒水，不是很容易就满了吗？说好的一海之水，甚至整个世界呢？

要回答这个问题，首先要了解严格意义上的克莱因瓶只存在于四维空间，因为人类只能理解三维空间中物体的形状，所以在三维空间的表现形式中，克莱因瓶的瓶颈不得不穿过瓶壁与底部开口相连接。对于现实中的克莱因瓶，穿过瓶壁的瓶

图 3.4.2　克莱因瓶

颈和瓶壁之间存在一个密闭的自相交。通俗来说，尽管瓶颈和瓶壁相交，但这个交接处不会漏水，所以所有现实中的克莱因瓶的容量都是有限的。但对于四维空间中的克莱因瓶，瓶颈并不是在三维空间中穿过瓶壁与瓶底相接，而是在更高的第 4 个维度绕过瓶壁和瓶底相接，所以瓶颈和瓶壁之间并不存在这样一个自相交（图 3.4.3）。换句话说，通过瓶颈"内表面"流入瓶中的再多的水，都可以在另一个维度自由地沿着瓶颈的"外表面"再流出来，因此，严格意义上的克莱因瓶的容量是无限大的。

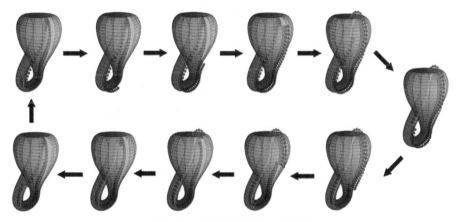

图 3.4.3　克莱因瓶只有一个表面

　　为了更好地理解不同维度带来的变化，我们可以"脑补"以下的例子。在《西游记》中，孙悟空常常用金箍棒在地上画一个圈，将唐僧保护在圈内。对于二维空间里（地面上）的妖怪来说，它们想要抓走唐僧，就必须穿过这个圆圈，而无其他可能。但是如果一个来自三维空间的妖怪碰到这个二维空间的保护圈，它就可以从上空（第三维度）跳入圈内抓走唐僧，其轨迹不必与保护圈相交。同样，如果孙悟空将唐僧置于一个类似于金钟罩的三维球形保护圈内，那么三维空间里的妖怪对此将束手无策，而四维空间里的妖怪仍旧可以在第四维度上绕开这个球形的金钟罩，抓走唐僧。在三维空间里的人类看来，这个过程就好似唐僧从金钟罩里凭空消失了一般。

　　真正的克莱因瓶，就是这么一个密闭的但并不存在自相交的表面，沿着瓶颈"内表面"流入的水将会沿着它的"外表面"又流出来。克莱因瓶的所谓"内表面"和"外表面"实质上是一个连续的连通表面，水流的方向也不能确定到底是由外向内，还是由内向外。所以，克莱因瓶的表面既没有内部和外部之分，也不可定向。与之相比，球的表面同样是密闭表面，但它将三维空间严格地分隔成了内部和外部，所以球的表面是一种可定向的表面。

如果我们将三维空间克莱因瓶这个"葫芦"沿着它的对称面剖开，并"松开"瓶颈和瓶壁的自相交，就能得到两个全等的"瓢"。和"葫芦"相比，这个"瓢"的表面同样是不可定向的，但它有一条因为剖开而得到的边界，所以不再是一个密闭的表面（图3.4.4）。这个"瓢"的表面就是赫赫有名的默比乌斯带（德语：MÖbius strip），它是一种带有边界的无定向表面。

图3.4.4　克莱因瓶对剖以后得到的默比乌斯带

默比乌斯带的发现，要比克莱因瓶更早一些。1858年，德国数学家、天文学家奥古斯特·费迪南德·默比乌斯（August Ferdinand Möbius，又译为奥古斯特·费迪南德·麦比乌斯）和德国数学家约翰·贝内迪克特·李斯丁（Johann Benedict Listing，又译为约翰·利斯廷）各自独立发现了这个有趣的表面。和克莱因瓶不同，默比乌斯带很容易得到，只需将一条长方形纸带的一端扭转180°后和另一端粘贴在一起，就可以得到一个默比乌斯带。

因为忽略了厚度，所以长方形纸带本身是二维空间中的物体，它有着正反两个面和上下两条边界。在纸带两端经过扭转粘贴在一起之后，这条纸带变成了三维空间中的默比乌斯带，因为恰恰扭转了180°，所以原来的上下两条边界也变成了一条边界，原来的正反两个面变成了一个面（图3.4.5）。因此，默比乌斯带的面不分正反，其边界也不分上下。

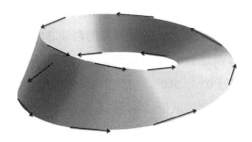

图 3.4.5　默比乌斯带只有一条边界，也只有一个面

在图 3.4.5 中，用一支笔我们可以从边界上任意一个点出发，不停顿、连续地画完整个边界而回到原点。该边界分割开的两个面看似有正反，但实际上处于同一个连续的表面上：如果在默比乌斯带上放一只蚂蚁，它可以在不翻过边界的情况下，遍历整个默比乌斯带，同样回到起点。以错觉艺术闻名的荷兰版画家毛里茨·科内利斯·埃舍尔（Maurits Cornelis Escher）有一幅名为《默比乌斯带 II》的作品，画面上就有几只蚂蚁首尾相接，爬行在一条默比乌斯带上。

和克莱因瓶不同，默比乌斯带是可以在三维空间中实现的，所以只要你足够留心，就可以在现实生活中发现不少默比乌斯带的影子。比如我们所熟知的回收标记，就是一个默比乌斯带。再比如，英国数学协会也采用了默比乌斯带作为协会的标志。另外，生活中常见的标牌和奖牌的挂绳都采用了默比乌斯带的设计，和普通的圆环外形相比，具有默比乌斯带形状的挂绳可以使得挂件和挂绳本身更加贴合身体（图 3.4.6）。

United Kingdom Mathematics Trust

图 3.4.6　生活中的默比乌斯带

我们已经知道，将一个克莱因瓶按照其对称面剖开，可以得到两个全等的默比乌斯带，那么，将一个默比乌斯带从中间剪开，又将得到什么呢？会像剪开一个圆环一样，得到两个圆环吗？

答案出乎很多人的意料，将一条默比乌斯纸带从中间剪开，我们得到的仍然是一条扭转着的纸带——只不过，这条纸带的两端之间扭转的角度不是180°，或者说不是1个半圈，而是720°，或者说是4个半圈。容易知道，当纸带的两端之间扭转的角度为整圈（0°、360°、720°等）时，纸带原有的两个面在扭转后仍然粘贴在一起，所以得到的纸带和普通圆环一样，具有两个面和两个边界，它们并不是默比乌斯带。只有当扭转角度为奇数个半圈（180°、540°、900°等）时，粘贴两端后得到的纸带才是默比乌斯带。

那么，如果把一条默比乌斯带 n 等分，又将得到什么呢？

为了方便讲解，我们将两端之间扭转了 k 个半圈的纸带定义为 M_k。比如，圆环就是 M_0，常见的通过扭转半圈将两端粘贴在一起得到的默比乌斯带就是 M_1。

通过实验发现，当 $n = 2$ 时，得到的是 1 个 M_4；当 $n = 3$ 时，得到的是 1 个 M_4 和 1 个 M_1，且两条纸带套在一起（图 3.4.7）；当 $n = 4$ 时，得到的是 2 个 M_4；当 $n = 5$ 时，得到的是 2 个 M_4 和 1 个 M_1。

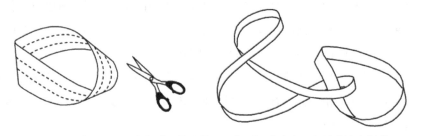

图 3.4.7 　将一条默比乌斯带三等分剪开后得到两个套在一起的默比乌斯带

由此我们可以大胆猜测，当 $n = 2k$ 时，得到的是 k 个 M_4；当 $n = 2k+1$ 时，得到的则是 k 个 M_4 和 1 个 M_1。

当 $k = 1$ 和 2 时，猜测和实验的结果相符。对于任意正整数 k，这个猜测也成立吗？

我们仔细观察一下 $n = 3$ 的情况。如图 3.4.8 所示，两条虚线似乎将这个默比乌斯带分成了 3 个部分。但是，如果用剪刀沿着虚线将它剪开，我们可以发现：第一，剪刀可以遍历这两条虚线，即这两条虚线

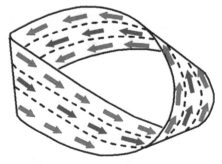

图 3.4.8 　三等分默比乌斯带的剪刀轨迹形成了一条封闭的连续曲线

实际上属于同一条封闭的连续曲线，剪刀将它剪开后产生了一条新的边界；第二，这条新的边界将原来的默比乌斯带分成了两个（而不是 3 个）部分，中间的部分是一个宽度为原来纸带宽度的 $\frac{1}{3}$、长度与原来纸带长度相等的 M_1（蓝色箭头区域），而虚线和原默比乌斯带边界之间的部分形成了一个宽度为原纸带宽度的 $\frac{1}{3}$、长度为原纸带长度 2 倍的 M_4（红色箭头区域）。

因此，n 等分默比乌斯带的过程可以分解成以下步骤。画出离边界 $\frac{1}{n}$ 宽度的虚线，虚线和边界之间即红色箭头区域，两条（实际上是同一条）虚线之间的宽度为 $\frac{n-2}{n}$，即蓝色箭头区域；沿着虚线剪开，得到一个宽度为 $\frac{1}{n}$ 的 M_4（红色箭头区域）和一个宽度为 $\frac{n-2}{n}$ 的剩余纸带（蓝色箭头区域）。然后在得到的剩余纸带上重复以上步骤，得到一个宽度为 $\frac{1}{n}$ 的 M_4 和一个宽度为 $\frac{n-4}{n}$ 的新的剩余纸带。依此类推，若 n 为奇数，重复以上步骤直至剩余纸带的宽度为 $\frac{3}{n}$ 时，再重复一次以上步骤，最终得到一个宽度为 $\frac{1}{n}$ 的 M_4 和一个宽度为 $\frac{1}{n}$ 的 M_1；若 n 为偶数，重复以上步骤直至剩余纸带的宽度为 $\frac{2}{n}$ 时，再进行一次二等分操作，最终得到一个宽度为 $\frac{1}{n}$ 的 M_4。

根据数学归纳法进行反推可知，当 $n=2k$ 时，n 等分一个默比乌斯带将得到 k 个宽度为 $\frac{1}{n}$ 的 M_4；当 $n=2k+1$ 时，得到的是 k 个宽度为 $\frac{1}{n}$ 的 M_4 和 1 个宽度为 $\frac{1}{n}$ 的 M_1。

默比乌斯带只存在于三维以上的空间，克莱因瓶只存在于四维以上的空间。类似于克莱因瓶的物体还有很多，其中有一个物体很有意思：它在三维空间是不存在的，如果将它投影于二维空间，则会给人一种三维空间的错觉；同时，它也可以被看作一条四重的默比乌斯带。这个物体就是彭罗斯三角（图 3.4.9）。

彭罗斯三角最早于 1934 年由瑞典艺术家奥斯卡·雷乌特斯瓦德（Oscar Reutersvärd）提出。20 世纪 50 年代，2020 年诺贝尔物理学奖获得

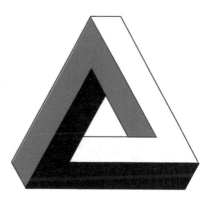

图 3.4.9 彭罗斯三角

者、英国数学物理学家罗杰·彭罗斯（Roger Penrose）及其父亲对这个形状进行了研究，并且将结果发表在专业期刊上，这个物体因此被命名为"彭罗斯三角"。

彭罗斯三角被称为"最纯粹的不可能物体"，看上去它将 3 根截面为正方形的长方体（棱）以正三角形的形式结合成一个整体，而每两个长方体之间的夹角又似乎是直角，因此，本应处于同一平面上的角发生了扭转，这样的三角形在三维空间是不可能存在的。和英国数学协会采用默比乌斯带作为协会标志类似，荷兰数学奥林匹克竞赛主办方使用彭罗斯三角作为比赛的标志。

有意思的是，虽然彭罗斯三角是不可能存在的物体，但现实中确实存在某种物体，如果从特定的角度去看，看到的图案和彭罗斯三角的二维空间投影相同。这就是特定物体在二维投影中给人们带来的错觉（图 3.4.10）。

图 3.4.10　在某个角度下，这个折形的物体看起来和彭罗斯三角的投影相同

彭罗斯三角是一个四重的默比乌斯带。如图 3.4.11 所示，假设有一个小球沿着彭罗斯三角的某一个面滚动，那么它在依次滚过彭罗斯三角所有的面之后，仍将回到原点。

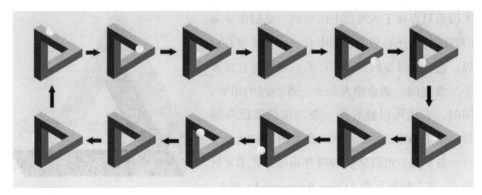

图 3.4.11　沿彭罗斯三角滚动的小球

因为彭罗斯三角的每条棱是一个长方体，所以它共有 4 × 3 = 12 个面，其中有 6 个面位于视角的正面，另有 6 个面位于视角的背面。在图 3.4.11 所示的这个

例子中，在棱的正面各有 2 个粉色、蓝色和黑色的面；在每条棱背面的相对位置，相应地也有 2 个粉色、蓝色和黑色的面。 因此，滚动的小球经过的 12 个面的颜色依次为粉色（正）、粉色（正）、黑色（背）、黑色（背）、蓝色（正）、蓝色（正）、粉色（背）、粉色（背）、黑色（正）、黑色（正）、蓝色（背）和蓝色（背）。

除了彭罗斯三角，彭罗斯父子还设计了同样是不可能物体的彭罗斯阶梯（图 3.4.12）。彭罗斯阶梯同样是一个由二维图形的形式表现出来的三维空间物体，它拥有 4 段阶梯，每两段阶梯都是向上或向下的，它们以 90° 的拐角首尾相连，形成了一个闭合的、无限循环的四角形阶梯。

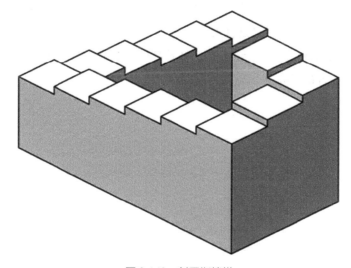

图 3.4.12　彭罗斯楼梯

电影《盗梦空间》在一个场景中借用了彭罗斯阶梯的设计，亚瑟带着阿德里安走上了一段楼梯，他们发现无论走多远都找不到楼梯的尽头。

埃舍尔的作品《上升与下降》的创作灵感同样来自彭罗斯阶梯：在高高的塔楼之上，两队人转着圈在走楼梯，一队人一直在上楼梯，而另一队人一直在下楼梯，如此循环反复，永不停息。

因此在某些时候，当你的思维困于僵局，你一直认为自己的方向是对的但怎么也走不出来时，是不是也可以从数学的角度考虑一下：自己是否被某个表象所困惑，自己认定的方向只是这个并不可能存在的问题投影带来的错觉？或者，是否可以将自己的思维提高到另外一个维度，从而可以看清楚问题的全貌，绕过壁垒，找到出路？

这些或许是理解了默比乌斯带、克莱因瓶、彭罗斯三角和彭罗斯阶梯之后的最大收获。

本节术语

克莱因瓶： 是指一种无定向性、没有内部和外部之分的闭合表面。

默比乌斯带： 是一种只有一个面和一条边界的无定向表面。

彭罗斯三角： 是一种三维空间中不可能存在的物体，它看起来由 3 个截面为正方形的长方体所构成，3 个长方体组合成为一个三角形，但每两个长方体之间的夹角似乎又是直角。

彭罗斯阶梯： 一个始终向上或向下但却无限循环的阶梯，此阶梯上不存在最高或者最低的一个点。

第 **4** 章

演绎的学问

陈省身认为，数学是一门演绎的学问，从一组公设出发，经过逻辑推理，从而获得结论。如何解读出一篇小诗的 3 层含义？如何从"三人行必有我师"推出"几乎人人皆可为我师"？"一直走背运，离好运的到来就越来越近了"，这种说法科学吗？修道院中有人患病了，在互不交流的情况下，机智的修道士们能否推理出病人是谁？在本章，你将利用学习到的几个理论：容斥原理、抽屉原理、独立事件发生的概率以及博弈论中的共识和常识，回答上述问题，感受组合数学和逻辑推理的力量。

4.1 独特的诗句

"The first circle for us is naturally the British Commonwealth and Empire··· Then there is also the English-speaking world··· .And finally there is United Europe··· Now if you think of the three interlinked circles you will see that we are the only country which has a great part in every one of them."

— Winston Churchill

"对我们来说，第一个圈子自然是英联邦和帝国……然后，是说英语的国家……最后是统一的欧洲……现在，如果你考虑一下这三个相互联系在一起的圈子，你就会发现，我们是唯一一个在其中每一个圈子里都占有重要地位的国家。"

——温斯顿·丘吉尔

在英国诗人伊恩·麦克米伦（Ian McMillan）的眼中，布赖恩·比尔斯顿（Brian Bilston）是当今碎片化阅读时代的一位桂冠诗人，"他非常在意自己的文字给读者带来的影响"。事实上，除了喜欢骑车、喜欢用烟斗抽烟和富有急救知识以外，人们对这位诗人的了解并不多。不过，比尔斯顿仍然以他独特的诗句成功捕获了不少读者的眼球，他无疑是近几年来社交媒体上最成功的诗人之一。

2015 年，比尔斯顿以一首名为《在十字路口》的短诗获得了"全英速写文学大赛"（the Great British Write Off）的诗歌类大奖。这首短诗的独特之处在于，每一行的诗句被两个交叉的圆分成了 3 个部分，其中处于中间交叉部分的文字既是左边圆中句子的一部分，又是右边圆中句子的一部分——这是一首用维恩图形式创作的短诗（图 4.1.1）。

维恩图中的两个圆，分别代表一对夫妇中的男性 him（左圆）和女性 her（右圆）。如果将中间的交叉部分分别嵌入左右两个圆中的文字，那么原诗就可以还原成分属于男性视角和女性视角的两段心理独白。

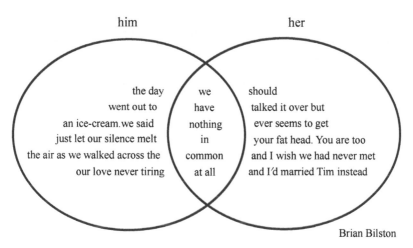

AT THE INTERSECTION

him   her

the day
went out to
an ice-cream.we said
just let our silence melt
the air as we walked across the
our love never tiring

we
have
nothing
in
common
at all

should
talked it over but
ever seems to get
your fat head. You are too
and I wish we had never met
and I'd married Tim instead

Brian Bilston

图 4.1.1　诗人比尔斯顿用维恩图形式创作的短诗

男性视角: the day **we** went out to **have** an ice-cream, we said **nothing** just let our silence melt **in** the air as we walked across the **common** our love never tiring **at all**. 那天出去买冰淇淋，我们什么话都没说，就让沉默融化在空中。当我们走过彼此，我们的爱永远不会凋零。

女性视角: **we** should **have** talked it over but **nothing** ever seems to get **in** your fat head.You are too **common** and I wish we had never met **at all** and I'd married Tim instead. 我们早应该好好谈谈，但你的肥头大耳油盐不进。你是如此普通，我真希望我俩从未相遇，而我嫁给的人是 Tim。

有意思的是，这首短诗题目中的 INTERSECTION 在普通语境中是"十字路口"的意思，在数学中则是"交集"的意思。男性视角和女性视角的共同部分是两段文字的交集，而正如交集部分的文字 we have nothing in common at all，男女双方的心理独白已经没有任何共同的内容，两个人的婚姻关系也走到了一个敏感的十字路口。

比尔斯顿巧妙地利用了 intersection 的双关含义以及维恩图的表现形式，他曾在网站上提到，他采用这种独特的形式是为了向维恩图的发明者约翰·维恩致敬。

约翰·维恩（John Venn），1834 年出生于英国赫尔，23 岁从英国剑桥大学毕业后，成为一名牧师。1862 年，维恩回到剑桥大学，担任伦理道德课程的讲师，在业余时间他进行了很多与数学逻辑有关的研究，并在欧拉图的基础上发展出了维恩图这种集合逻辑关系的表示方法。

维恩图直观地表示了集合之间的逻辑关系。以最简单的二元维恩图为例（图4.1.2），维恩图可以分为 X、Y 和 Z 共 3 个部分，其中，Z 是集合 A 和 B 的交集，Y 是集合 A 在 B 中的相对补集，X 是集合 B 在 A 中的相对补集。

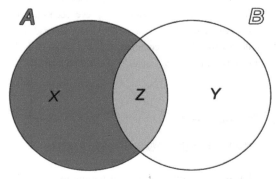

图 4.1.2　二元维恩图

用数学符号表示，即 $Z = A \cap B$，$Y = B - Z$，$X = A - Z$。

三元及以上的维恩图要复杂得多。当涉及的集合数目过多时，一般会改用椭圆形或者其他形状来表示每个集合，以使得集合之间的重叠部分仍然具有一定的可辨识度（图4.1.3）。

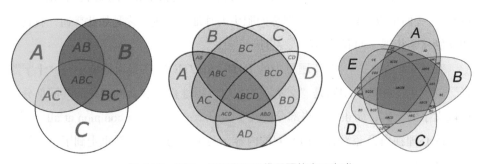

图 4.1.3　三元、四元和五元维恩图的表示方式

虽然多元维恩图很漂亮，但图中有些色块的字母标记在含义上并不准确。比如在图 4.1.3 所示的四元维恩图中，标记为 BC 的部分实际上只是 $B \cap C$ 的一部分，完整的 $B \cap C$ 应该是图中 BC、ABC、BCD 和 $ABCD$ 的总和。

因此，我们必须使用数学符号和等式来对集合之间的关系进行准确的表示。

从二元维恩图中可知，集合 A 和 B 合在一起形成了一个并集。在计算 A 和 B 并集中的元素个数的过程中，如果简单地将集合 A 和 B 各自的元素个数相加，那么 A 和 B 交集的元素个数就被计算了两次。如果用 $|A|$ 表示集合 A 中元素的个数，那么我们可以得到

$$|A \cup B| = |A| + |B| - |A \cap B|$$

类似地，对于三元维恩图，如果简单地将集合 A、B 和 C 各自的元素个数相加，那么 A 和 B 的二元交集、B 和 C 的二元交集以及 C 和 A 的二元交集的元素个数都被计算了两次；如果再分别减去 3 个二元交集的元素的个数，那么 A、B 和 C 的三元交集的元素个数都分别被加上了 3 次、再分别被减去了 3 次，相当于没有被计算在内，因此，最后还应该将其补上，即

$$|A \cup B \cup C| = |A| + |B| + |C| - |A \cap B| - |B \cap C| - |C \cap A| + |A \cap B \cap C|$$

如果将集合的数目外推到任意正整数 n，则有

$$|A_1 \cup A_2 \cup \cdots \cup A_n|$$

$$= \sum_{i=1}^{n} |A_i| - \sum_{1 \le i < j \le n} |A_i \cap A_j| + \sum_{1 \le i < j < k \le n} |A_i \cap A_j \cap A_k| - \cdots + (-1)^{n-1} |A_1 \cap A_2 \cap \cdots \cap A_n|$$

这个公式被称为"容斥公式"，这种计数原理被称为**容斥原理**，该命名中的"容"表示先将各个集合的元素个数纳入计算；"斥"表示再将重复计算的元素个数排除出去，使得最后得到的结果既没有重复，也没有遗漏。

容斥公式可以基于二元或三元的公式，通过数学归纳法进行证明。

容斥公式可以广泛地应用于各种计数问题。

例 1：从 1 到 1000 有多少个整数不能被 2、3、5 和 7 中的任何一个整除？

我们用集合 A 来表示能够被 2 整除的整数集合，集合 B 表示能够被 3 整除的整数集合，集合 C 表示能够被 5 整除的整数集合，集合 D 表示能够被 7 整除的整数集合。

这样，$|A| = \lfloor \frac{1000}{2} \rfloor = 500$，$|B| = \lfloor \frac{1000}{3} \rfloor = 333$，$|C| = \lfloor \frac{1000}{5} \rfloor = 200$，$|D| = \lfloor \frac{1000}{7} \rfloor = 142$。

在二元交集中，$|A \cap B| = \lfloor \frac{1000}{2 \times 3} \rfloor = 166$，$|A \cap C| = \lfloor \frac{1000}{2 \times 5} \rfloor = 100$，$|A \cap D| = \lfloor \frac{1000}{2 \times 7} \rfloor = 71$，$|B \cap C| = \lfloor \frac{1000}{3 \times 5} \rfloor = 66$，$|B \cap D| = \lfloor \frac{1000}{3 \times 7} \rfloor = 47$，$|C \cap D| = \lfloor \frac{1000}{5 \times 7} \rfloor = 28$。

在三元交集中，$|A \cap B \cap C| = \lfloor \frac{1000}{2 \times 3 \times 5} \rfloor = 33$，$|A \cap B \cap D| = \lfloor \frac{1000}{2 \times 3 \times 7} \rfloor = 23$，

$|A \cap C \cap D| = \lfloor \frac{1000}{2 \times 5 \times 7} \rfloor = 14$，$|B \cap C \cap D| = \lfloor \frac{1000}{3 \times 5 \times 7} \rfloor = 9$。

四元交集只有 1 个，$|A \cap B \cap C \cap D| = \lfloor \frac{1000}{2 \times 3 \times 5 \times 7} \rfloor = 4$。

将以上数字代入容斥公式，得

$|A \cup B \cup C \cup D| = 500 + 333 + 200 + 142 - 166 - 100 - 71 - 66 - 47 - 28 + 33 + 23 + 14 + 9 - 4 = 772$

即从 1 到 1000，一共有 772 个整数至少能够被 2、3、5 和 7 中的某一个数整除。对该集合求补集，1000 – 772 = 228。因此，从 1 到 1000，一共有 228 个整数不能被 2、3、5 和 7 中的任何一个整除。

例 2：从 1 到 2001，有多少个整数是 3 或者 4 的倍数、但不是 5 的倍数？

类似地，设 A 为 [1, 2001] 范围内 3 的倍数的集合，B 为 4 的倍数的集合，C 为 5 的倍数的集合。我们先计算 [1, 2001] 范围内 3 或者 4 的倍数的集合的元素个数：

$|A \cup B| = |A| + |B| - |A \cap B| = \lfloor \frac{2001}{3} \rfloor + \lfloor \frac{2001}{4} \rfloor - \lfloor \frac{2001}{3 \times 4} \rfloor = 667 + 500 - 166 = 1001$

现在，从这 1001 个数里将 5 的倍数去除，这些整数能被 3 或者 4 整除，同时能被 5 整除；所以，这些整数的个数为 $|(A \cup B) \cap C|$。根据集合的逻辑计算规则，

$|(A \cup B) \cap C| = |(A \cap C) \cup (B \cap C)| = |(A \cap C)| + |(B \cap C)| - |A \cap B \cap C| = \lfloor \frac{2001}{3 \times 5} \rfloor + \lfloor \frac{2001}{4 \times 5} \rfloor - \lfloor \frac{2001}{3 \times 4 \times 5} \rfloor = 133 + 100 - 33 = 200$

在 A∪B 中求补集，因此，[1, 2001] 范围内是 3 或者 4 的倍数，但不是 5 的倍数的整数共有 1001 – 200 = 801 个。

容斥问题还可以用来解决类似于维恩图的涂色问题。

例 3：有一个由 3 × 3 小方格组成的正方形，每一个小方格要么涂成红色，要么涂成蓝色，试求涂色后该正方形中不存在一个 2 × 2 的红色小正方形的概率。

该正方形共有 9 个小方格，每个小方格有 2 种涂色方案，因此，一共有 2^9 种涂色方案。现在考虑 2 × 2 的红色小正方形，如图 4.1.4 所示，如果左上角 4 个小方格被涂成红色，那么余下 5 个小方格不论如何涂色，该正方形中一定存在一个 2 × 2 的红色小正方形，这种情况下共存在 2^5 种涂色方案。相应地，2 × 2 的红色

小正方形还可以存在于右上角、左下角和右下角，那么是不是共有 4×2^5 种涂色方案存在 2×2 的红色小正方形呢？

答案是否定的，因为我们忽略了多个 2×2 的红色小正方形同时出现的情况。例如，在上述计算中，图 4.1.5 中的这种涂色方案被重复计算在红色小正方形出现在左上角和右上角的两种情况中。

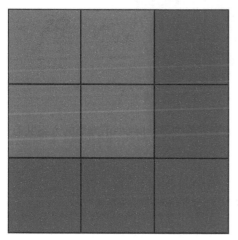

图 4.1.4　3×3 正方形的一种涂色方案

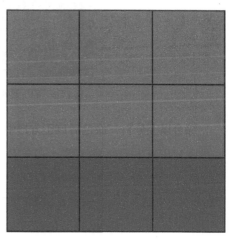

图 4.1.5　被重复计算的涂色方案

如果我们用集合 A、B、C 和 D 分别表示 2×2 的红色小正方形出现在左上角、右上角、左下角和右下角，那么图 4.1.5 所示情况即 A 和 B 的交集 $A \cap B$。考虑 A、B、C、D 的二元交集，除了类似于图 4.1.5 这样的 $A \cap B$、$A \cap C$、$B \cap D$ 和 $C \cap D$（Ⅰ型二元交集）以外，还有类似于图 4.1.6 这样的 $A \cap D$ 和 $B \cap C$（Ⅱ型二元交集）。其中，每个Ⅰ型二元交集有 3 个小方格可以任意涂色，包含 2^3 种涂色方案；每个Ⅱ型二元交集只有 2 个小方格可以任意涂色，包含 2^2 种涂色方案。

三元交集和四元交集要简单一些。在 4 个三元交集中，红色小正方形出现在 3 个角上，只剩下 1 个小方格可以任意涂色，所以每个三元交集只有 2 种涂色方案。四元交集只有 1 个，正方形中所有的小方格都被涂成了红色，所以只存在 1 种涂色方案。

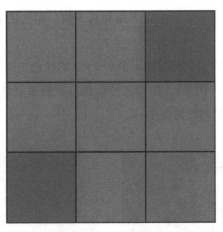

图 4.1.6　另一种被重复计算的涂色方案

综合以上分析，涂色后该正方形中存在一个 2×2 的红色小正方形的方案共有

$$|A \cup B \cup C \cup D| = |A| + |B| + |C| + |D|$$
$$- |A \cap B| - |A \cap C| - |B \cap D| - |C \cap D| - |A \cap D| - |B \cap C|$$
$$+ |A \cap B \cap C| + |A \cap B \cap D| + |A \cap C \cap D| + |B \cap C \cap D|$$
$$- |A \cap B \cap C \cap D|$$
$$= 4 \times 2^5 - 4 \times 2^3 - 2 \times 2^2 + 4 \times 2 - 1$$
$$= 95$$

所以，涂色后该正方形中不存在一个 2×2 的红色小正方形的概率为 $1 - \dfrac{95}{2^9} = \dfrac{417}{512}$。容斥原理还可以用来解决错排问题。

错排问题最初也被称为"装错信封问题"，它由 18 世纪瑞士著名的数学家约翰·伯努利的儿子丹尼尔·伯努利提出，曾经引起了欧拉的极大兴趣。装错信封问题大意如下：有一个人给 n 个朋友各写了一封信，在 n 个信封上分别留下了各个朋友的地址；然而，当他把信装入信封以后发现，每一封信都被装错了信封，那么，这种 n 封信件都被装错的装法一共有多少种呢？如果我们把信件收件人和信封上地址的正确匹配看作一个正确的排列，那么 n 封信件都装错的装法就是一种在每个位置上都出现了错误的排列，所以装错信封问题最后被称为错排问题。

在生活中，错排问题还可以有其他的表现形式。比如，n 个人参加新年派对，每个人都将自己带来的礼物放入礼物堆，派对结束时每个人随机从礼物堆里抽取一份礼物，最后所有人都得到了一份其他人带来的礼物的概率有多大？又比如，n

个人在有 n 个座位的教室里上课，课间休息时所有人都去了户外进行活动，休息结束后每个人回到教室随机选择一个座位坐下，所有人都没有坐回原来座位的概率有多大？新年礼物抽取、课间座位调换和信件装入信封等过程在数学抽象上是等同的，都是错排问题在实际生活中的一个例子。

现在我们来考虑如何解决错排问题。

首先，定义一个对于 n 个元素的原排列（正确排列），该排列中编号为 i 的元素恰好排在第 i 个位置。在以上实例中，原排列对应于每封信件都装进了正确的信封、每个人都取回了自己带去的礼物，或者每个人都坐回了原来的座位等。

然后，对于 n 个元素的全排列 P_n^n，一共有 $n!$ 种排法。这 $n!$ 种排法可以分为 1 个原排列、若干个错排和若干个部分错排。所谓错排，即对于所有的 i，编号为 i 的元素都不在该排列的第 i 个位置上。在以上实例中，错排对应于每封信都被装错了信封、每个人都得到了来自其他人的礼物，或者每个人都没有坐回原来的座位等。而所谓部分错排，意思是除了某些元素被排在了和编号相同的位置上以外，其他编号为 i 的元素都不在第 i 个位置上。

我们将有 m 个元素在和编号相同位置上的部分错排定义为 m 级部分错排。显然，原排列相当于 n 级部分错排，因为所有 n 个元素都被排在了和编号相同的位置上。

现在，考虑 1 级部分错排，即只有 1 个元素被正确排列的情况。对于 1 级部分错排，该元素被排在了和其编号相同的位置上，其他 $n-1$ 个位置上对应着 $n-1$ 个元素的全排列 $P_{n-1}^{n-1} = (n-1)!$。同时，该元素可以是 $1 \sim n$ 中的任意一个，即 1 级部分错排在编号和位置匹配上一共有 C_1^n 种选择。所以，1 级部分错排一共有 $C_1^n \cdot (n-1)! = \dfrac{n!}{1!}$ 种。

继续考虑 2 级部分错排，即只有 2 个元素被正确排列的情况。类似地，2 个元素的位置被固定以后，其他 $n-2$ 个位置上对应着 $n-2$ 个元素的全排列 $P_{n-2}^{n-2} = (n-2)!$。同时，这 2 个元素可以是 $1 \sim n$ 中的任意 2 个，即 2 级部分错排在编号和位置匹配上一共有 C_2^n 种选择。所以，2 级部分错排一共有 $C_2^n \cdot (n-2)! = \dfrac{n!}{2!}$ 种。

一般地，在 k 级部分错排中有 k 个元素的位置被固定，其他 $n-k$ 个位置上的全排列为 $(n-k)!$。同时，k 级部分错排在编号和位置匹配上一共有 C_k^n 种选择。所以，k 级部分错排一共有 $C_k^n \cdot (n-k)! = \dfrac{n!}{k!}$ 种。

因此，根据容斥原理，对于 n 个元素的错排问题，错排的数目 D_n 的计算公

式为

$$D_n = n! - \frac{n!}{1!} + \frac{n!}{2!} - \frac{n!}{3!} + \cdots + (-1)^n \frac{n!}{n!} = n! \cdot [1 - \frac{1}{1!} + \frac{1}{2!} - \frac{1}{3!} + \cdots + \frac{(-1)^n}{n!}]$$

因为 n 个元素的全排列数目等于 $n!$，所以 n 个元素的错排出现的概率为

$$Pd_n = 1 - \frac{1}{1!} + \frac{1}{2!} - \frac{1}{3!} + \cdots + \frac{(-1)^n}{n!}$$

有意思的是，如果 n 趋于无穷大，那么 $1 - \frac{1}{1!} + \frac{1}{2!} - \frac{1}{3!} + \cdots + \frac{(-1)^n}{n!}$ 这个无穷级数将收敛于欧拉数的倒数 e^{-1}（约等于 0.367）。也就是说，对于无穷多个元素的任意排列，其中有差不多 36.7% 的排列都是错排。

📖 本节术语

容斥原理： 在计数时，考虑到各个子集之间有重叠的部分，比如两个子集的交集、3 个子集的交集等，为了避免重叠部分被重复计算，容斥原理的基本思想是，先不考虑重叠的部分，将每个子集中所有元素的个数计算出来，然后减去重叠部分即交集中的元素个数，从而使得计算的结果既没有遗漏也没有重复。

维恩图： 是集合论等数学分支使用的一种草图，主要用于展示不同的集合之间的数学或逻辑联系，常常被用来帮助推导或理解关于集合运算的一些规律。

错排问题： 将有 n 个元素的某一个排列定义为原排列，将原排列中排在第 i 个位置的元素编号定义为 i。如果在另一个排列中，任一编号为 i 的元素都没有被排在第 i 个位置上，那么这样的排列就称为原排列的一个错排。研究一个排列的错排个数的问题，称为错排问题。

课堂上来不及思考的数学

4.2 两个人的魔术

"Pure Mathematics is, in its way, the poetry of logical ideas."

— Albert Einstein

"纯粹数学，就其本质而言，是逻辑思想的诗篇。"

——阿尔伯特·爱因斯坦

你见过的最聪明的纸牌魔术是怎样玩的？《科学美国人》杂志（*Scientific American*）曾经刊登过一个小故事，讲解了一个数学教授和他的助手表演的一个魔术，在理解了其中的奥秘之后，我不得不承认这确实是一个费脑子，但设计很精妙的纸牌玩法。

和一般的魔术类似，教授端坐在桌前，扮演着魔术师的角色。教授的助手先从学生中召集了 5 名志愿者，然后拿出一副去掉了大小王的普通扑克牌。背对着教授，志愿者们洗好了牌，每个人从牌堆中挑选出一张牌交给助手。助手将这 5 张牌按照一定顺序、背面朝上地放在教授面前，再依次翻开 4 张牌，它们分别是方块 Q、红桃 2、梅花 J 和红桃 4（图 4.2.1）。

图 4.2.1　助手依次翻开了 5 张牌中的 4 张牌

教授略做思考，平静地说："剩下那张牌应该是方块 2 。"

教授猜对了。

不甘心的学生们马上进行了第 2 轮选牌，这一次助手翻开的 4 张牌分别是黑桃 2、红桃 5、方块 7 和梅花 K（图 4.2.2）。

图 4.2.2　第 2 次魔术中助手依次翻开的 4 张牌

"黑桃 8 。"毫无悬念，教授又猜对了。

一副牌去掉大小王后共 52 张，再去掉 4 张翻开的明牌，还剩下 48 张，显然，教授的"魔法"依靠的并不是运气；他和助手之间一定存在着某种约定，助手将某种信息通过 4 张明牌的排列传给了教授。不过，这 4 张明牌也是由志愿者们随机选定的，从 52 张牌里选 4 张，这将是一个超过 27 万的组合数。那么，助手和教授之间究竟有着怎样的约定，才可以在这种表面随机性的背后传递足够的确定性信息呢？

很快，学生甲发现了一个规律：在这两次魔术表演中，最后那张谜底牌的花色都和第 1 张明牌的花色相同。容易知道，**随机选择的 5 张牌也只有 4 种花色，所以其中至少有 2 张牌的花色一定相同**。因为选择哪张牌作为谜底牌是由助手决定的，所以教授和助手事先完全可以做如下约定：助手将两张花色相同的牌分别置于第 1 张和最后一张，看到第 1 张明牌后，教授就知道谜底牌的花色了。

谜底牌的花色问题已经得到解决，那么教授又是如何知道它的点数的呢？

同花色的牌中已经有 1 张当了明牌，因此谜底牌可能的点数只有 12 种。如何用剩下的 3 张明牌确定这 1/12 的可能性呢？学生乙在思考时，目光无意中转移到了黑板上方的挂钟上，钟面上时针和分针在慢慢地移动着，两根针之间可能形成一个夹角，也可能共处一条直线上，但这个夹角永远不会大于一个平角——也就是说，从 1 到 12 的数字之中任意选出两个整点，它们在钟面上相差的时间最多是 6 小时。比如，从 5 点到 10 点相差 5 小时，从 2 点到 8 点相差 6 小时，那么 2 点和 10 点呢？这一对数字可以看作从早上 10 点到下午 2 点，相差 4 小时。

类似地，如果我们将 A～K 这 13 个点数均匀地分布在一个圆周上，设两个相邻点数之间的劣弧弧长为 1，那么整个圆周长为 13（图 4.2.3）。如果在这 13 个

课堂上来不及思考的数学

点数中任意取两个点，因为它们之间的劣弧和优弧的长度之和恒为 13，所以劣弧的长度一定小于等于 6。

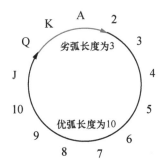

图 4.2.3　2 和 Q 之间优弧长度为 10，劣弧长度为 3

在理解了学生乙的思路以后，学生丙敏锐地意识到：将 3 张大小不同的牌进行排列，可以得到 P_3^3 共 6 种不同的排列方式，每一种排列方式可以对应地约定为一个劣弧长度，如表 4.2.1 所示。

表 4.2.1　3 张牌按照大小排列，共有 6 种不同的排列方式

第2张明牌	第3张明牌	第4张明牌	约定的劣弧长度
小	中	大	1
小	大	中	2
中	小	大	3
中	大	小	4
大	小	中	5
大	中	小	6

任意两张扑克牌是否可以确定大小呢？当然可以！类似于桥牌中的约定，4 个花色从大到小依次为黑桃、红桃、方块和梅花。在这种约定下，红桃 3 大于方块 7，而方块 10 也大于梅花 Q。

综上，两个人的魔术秘密渐渐浮出水面：在拿到志愿者选定的 5 张牌后，助手先挑出两张花色相同的牌（有两组花色相同时，可以随机取其中一组；有超过两张花色相同时，可以随机取其中两张），按照顺时针方向确定两张牌中的劣弧起点和终点（比如，5 和 10 的劣弧起点为 5、终点为 10，3 和 J 的劣弧起点为 J，终点为 3），将起点牌作为第 1 张明牌，将终点牌作为谜底牌，再根据劣弧的长度，

按照表 4.2.1 约定的对应关系和剩下 3 张牌的实际花色与点数，将 3 张牌依次排列为第 2 张、第 3 张与第 4 张明牌。

在第一次魔术表演中，助手拿到了梅花 J、方块 2、方块 Q、红桃 2 和红桃 4，因为在方块和红桃中都出现了两张牌，助手随机选择了方块，2 和 Q 之间的劣弧起点为 Q，终点为 2，所以方块 Q 成了第 1 张明牌，方块 2 为谜底牌，劣弧长度为 3，对应的 3 张牌排列为"中小大"，所以红桃 2、梅花 J 和红桃 4 依次成为第 2 张、第 3 张和第 4 张明牌。教授方面，他看到的 4 张明牌分别为方块 Q、红桃 2、梅花 J 和红桃 4，按照事先的约定，谜底牌是方块，劣弧起点为 Q，按照对应关系劣弧长度为 3，所以他猜出谜底牌为方块 2。

在这个纸牌魔术的揭秘过程中，3 位学生分别发现了一条重要的线索。其中学生甲发现 5 张牌中至少有 2 张同花色；学生乙的发现可以简化为，**当两个整数之和恒定时，其中较小的数一定小于两个整数的平均数**。实际上，这两条规律分别是抽屉原理的两种不同表述。

抽屉原理又被称为鸽笼原理，是一个逻辑简单但应用十分广泛的数学原理。用鸽子和鸽笼举一个直观的例子：如果有 n 个鸽笼和 $n+1$ 只鸽子，当所有的鸽子都被关在鸽笼里时，那么至少有 1 个鸽笼里有至少 2 只鸽子。稍微进行外推，我们可以得到：如果有 n 个鸽笼和 $kn+1$ 只鸽子，同样当所有鸽子都被关进鸽笼时，那么至少有一个鸽笼里有至少 $k+1$ 只鸽子。

对抽屉原理的证明也很简单，我们只需使用反证法。对于 n 个鸽笼和 $kn+1$ 只鸽子，假设每一个鸽笼里最多都只有 k 只鸽子，那么 n 个鸽笼最多只有 kn 只鸽子，与题意中 $kn+1$ 只鸽子的条件矛盾。

从另一个角度考虑，$kn+1$ 只鸽子不能均匀分布在 n 个鸽笼中，所以必然至少有一个鸽笼中鸽子的只数要超过所有鸽笼的"平均鸽子数"$k+\dfrac{1}{n}$；反过来，也必然至少有一个鸽笼中鸽子的只数要少于 $k+\dfrac{1}{n}$。对于学生乙的发现而言，13 张牌围成的圆周长度为 13，该圆周被两张牌分为两段弧，所以其中劣弧的长度一定小于平均数 $\dfrac{13}{2}=6.5$，因为弧长为整数，所以劣弧长度一定小于等于 6。

抽屉原理在组合数学上有一种更为广义的形式，即拉姆齐定理，该定理以英国数学家弗兰克·普伦普顿·拉姆齐（Frank Plumpton Ramsey）的名字命名。拉姆齐为该定理设计了一个有名的例子：对于世界上任意选出的 6 个人，其中要么存在互相认识的 3 个人，要么存在互相不认识的 3 个人。

对这个例子的证明过程如下。从 6 个人中任选 1 个人 A，A 与其他 5 个人的关系只有 2 种，要么是相互认识、要么相互不认识，所以根据抽屉原理，A 与其中至少 3 个人的关系相同。不妨设 A 与其中 3 个人的关系为互相不认识，这 3 个人分别为 B、C 和 D，将 A 与这 3 个人用红线连接，表示互相不认识（图 4.2.4）。

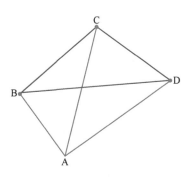

图 4.2.4　拉姆齐定理的证明

此时，考察 B 和 C 的关系，如果 B 和 C 也互相不认识，那么 A、B、C 这 3 个人就将形成一个红色连线三角形，表示 3 个人互相都不认识，命题成立。如果 B 和 C 互相认识，将 B 和 C 用蓝线相连，继续考察 C 和 D 以及 D 和 B 的关系。类似地，如果其中存在一对互相不认识的关系，那么可以与 A 形成一个红色连线三角形，命题成立；如果 C 和 D 以及 D 和 B 两两间都是相互认识的关系，C 和 D 之间以及 D 和 B 之间都用蓝线相连，那么 B、C 和 D 这 3 个人将形成一个蓝色连线三角形，命题成立。

拉姆齐的例子因此得证。

抽屉原理作为一个基于基本逻辑的原理，广泛存在于我们的自然和社会生活之中。在我国的历史和文学作品中，就存在一些具有浓厚抽屉原理意味的例子。比如，《论语》中有"三人行，必有我师焉"，这里的"三"是虚指，意思是"几个人一起走路，其中一定有人可以做我的老师"。有意思的是，我们通过类似于拉姆齐例子的方法，可以证明孔子这句话的意思等同于"几乎所有人都有我可以学习的地方，都可以成为我的老师"。反证的方法很简单：将足够多的人分为若干组，每组中的几个人一起走路，如果其中存在不能成为我老师的人，那么将他们一一挑出来，统一放入一个新组；然后设想这个新组的人一起走路，按照"三人行，必有我师焉"，其中一定有人可以做我的老师，这与新组的形成原则相矛盾。由此可知，新组的人数一定少于 3 人，在所有人中，最多只有 2 人身上没有我可以学习的地方。因此，"三人行，必有我师焉"的含义即"几乎所有人都有我可以学习的地方，都可以成为我的老师"。

无独有偶，《晏子春秋》中记载了一个"二桃杀三士"的故事。齐景公有 3 名战功赫赫的臣子公孙接、田开疆和古冶子，三人恃功而骄，逐渐成了齐景公的心腹大患。为了避免他们造成可能的祸害，晏婴给齐景公献了一个计策，让齐景公拿来两个珍贵的桃子赏给 3 位勇士。按照抽屉原理，三人分两桃，必定至少有两个人要合分一个桃。果不其然，因为无法平分桃子，3 位勇士互相争功，又因对方的功劳大过自己、自己却一味争功而感到羞愧，最后三人——自尽，就这样齐景公和晏婴只用了两个桃子，不费一兵一卒就解决了问题。

在数学上，抽屉原理更是蕴含在不少趣题之中。

例 1：在边长为 2 的等边三角形中放 5 个点，则至少存在 2 个点，它们之间的距离小于等于 1。

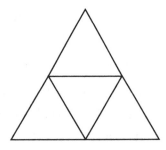

这道题乍一看是几何题，但如果简单作上几条辅助线，我们很快就能得到非常直观、简洁的证明。如图 4.2.5 所示，将等边三角形的中点两两相连，那么这个等边三角形就被分成了 4 个边长为 1 的小等边三角形。如果将 5 个点放入 4 个小等边三角形中，根据抽屉原理，则必然至少有 2 个点位于同一个小等边三角形中，显然，这 2 个点之间的距离小于等于小等边三角形的边长 1。

图 4.2.5　将等边三角形分为 4 个全等的小等边三角形

例 2：从 $2,3,\cdots,2n,2n+1$ 中任选 $n+1$ 个数，其中必有两个数互素（又称互质）。

通过辗转相除法，我们知道大于 1 的相邻的两个自然数一定互素。根据这个性质，可以将 $2 \sim 2n+1$ 这 $2n$ 个数分为 n 组，即 $\{2,3\},\{4,5\},\{6,7\},\cdots,\{2n,2n+1\}$。这样，$n+1$ 个数中必然至少有 2 个数落入上述的某一个组中，这两个数为相邻的两个自然数，必定两两互素。

相传匈牙利数学家保罗·厄多斯（Paul Erdõs）从数学家朋友彼得口中得知，有一个叫拉约什·波绍（Lajos Pósa）的 11 岁小男孩已经掌握了中学数学的全部内容。后来，在他们共进午餐时，厄多斯向波绍提出了上面这个问题。厄多斯在自己 18 岁时曾经思考过这个问题，当年他用了十来分钟找到了证明的方法；而令他吃惊的是，11 岁的波绍在把汤喝完后就说出了一个巧妙的证明方法。后来，波绍也成了一名数学家，2011 年，波绍获得了匈牙利的国家最高奖励——塞切尼奖。

例 3：在某个宴会上，所有参加宴会的人当中一定会有两个人，他们在宴会上所认识的朋友数量一样多。

假设宴会上共有 n 个人，对于任一参加宴会的人来说，他在宴会上认识的朋友数量可能是 $0 \sim n-1$ 的某个数。$0 \sim n-1$ 共有 n 个"鸽笼"，宴会上共有 n 只"鸽子"，粗看起来这里并不能使用抽屉原理得到想要的证明结果。

不过，如果仔细想想，我们就会发现这里的"鸽笼"并没有 n 个。假设 P_0 这个人在宴会上不认识任何人，即朋友数为 0；P_{n-1} 这个人在宴会上认识所有其他人，即朋友数为 $n-1$。那么问题来了：P_0 和 P_{n-1} 是否互为朋友呢？如果他们互为朋友，那么 P_0 的朋友数就不为 0；如果不为朋友，那么 P_{n-1} 的朋友数就不可能是 $n-1$。因此，P_0 和 P_{n-1} 不可能同时存在。实际上，宴会上的"鸽笼"数要少于 n，而"鸽子"数为 n，所以根据抽屉原理，其中必有两个人在该宴会上认识的朋友数量相同。

 彩蛋问题

我们来看一道奥数题。

给平面上的任意一个点涂上红色、绿色和蓝色中的某一种颜色，试证明该平面上存在一个长方形，其 4 个顶点的颜色相同。

如果任取一个长方形，其 4 个顶点被用 3 种颜色涂色，那么根据抽屉原理，一定会有 2 个顶点颜色相同。然后呢？然后似乎没有更好的思路。虽然这个发现对解题并没有直接帮助，但它给了我们一个启发：平面上有无限多个点，我们可以构造出足够多的长方形来覆盖可能的颜色组合。这个思路和纸牌魔术中学生丙发现的线索非常类似！

我们在平面上设想一个 4×82 的网格，每一列有 4 个点，一共有 82 列。对于每一列上的 4 个点，它们被 3 种颜色中的 1 种涂色，所以每个点都有 3 种涂色可能，从上到下 4 个点一共有 $3^4 = 81$ 种涂色方案。网格中一共有 82 列，根据抽屉原理，必然存在至少 2 列（C_m 和 C_n），其涂色方案相同，即在纵向上，C_m 和 C_n 的 4 个点颜色的排列完全相同。同时，C_m 和 C_n 上这 4 个点被 3 种颜色涂色，根据抽屉原理，必然存在至少 2 个点 P_i 和 P_j 颜色相同。因此，由 C_m 和 C_n 上的 P_i 和 P_j 构成的长方形，其 4 个顶点颜色相同。

考虑到 81 种涂色方案中存在一些诸如"红红红红"和"红红红蓝"的方案，实际上，在这样的两种不同涂色方案的两列上就已经存在一个顶点全为红色的长方形。因此，构造一个4×82的网格可以得到证明。但实际上，我们只需构造一个 4×19的网格，就可以得到完美的证明。具体怎么做？

📚 本节术语

抽屉原理： 又称狄利克雷抽屉原理、鸽笼原理，可以简单地表述为若有 n 个笼子和 $n+1$ 只鸽子，所有的鸽子都被关在鸽笼里，那么至少有一个笼子有至少 2 只鸽子。在集合论中，抽屉原理也可以表述为若 A 是 $n+1$ 元集，B 是 n 元集，则不存在从 A 到 B 的单射。

拉姆齐定理： 又称拉姆齐二染色定理，即对于自然数 k 和 l，要求找到最小的自然数 $R(k, l) = n$，使得在任意 n 个人中，必定至少有 k 个人互相认识或者 l 个人互相不认识。比如 $k = l = 3$，那么 $R(3, 3) = 6$，即上述文中的例子。

4.3 作家的赌局

"Probability is the very guide of life."

— Joseph Butler

"概率是人生的真正指南。"

——约瑟夫·巴特勒

安托万·贡博（Antoine Gombaud）是一名法国作家，他出生于17世纪法国普瓦图的一个平民家庭。有意思的是，虽然他并不是贵族，但因为他在巴黎西部的小镇梅雷（Méré）读过书，所以在文学作品中他常常自称梅雷骑士（Chevalier de Méré），久而久之，他身边的朋友们也开始用这个名字来称呼他。

和大名鼎鼎的皮埃尔·德·费马一样，虽然梅雷骑士的本职工作是一名作家，但他对数学非常感兴趣，也可以称得上业余数学家。不过，和费马相比，梅雷骑士这位业余数学家的成就和名声要小很多，唯一能够让后世记住他这个名字的，居然是一个赌局。

有一次，梅雷骑士和他的一个朋友玩骰子，赌注是36个金币。他们约定的规则是：掷若干次骰子，如果先出现3次6点的话就算梅雷骑士赢，如果先出现3次4点的话就算朋友赢——以我们现在的知识来看，这个规则对双方很公平。

就这样，两人开始了游戏。掷了几次后，陆续出现了两次6点和1次4点。如果游戏继续进行下去的话，那么将不会出现任何争议，但此时法国国王路易十四突然召见梅雷骑士，两个人的赌局不得不中止。等到梅雷骑士从王宫回来，他和他朋友在处理36个金币的赌注问题上发生了分歧。双方一致认为各自退回18个金币是不公平的，毕竟梅雷骑士率先拿到了赛点，应该多分得一些。但是，两人具体应该分得多少金币呢？

梅雷骑士的朋友认为，在后续的投掷中，只需要出现1次6点梅雷骑士就赢了，而自己需要出现2次4点才能赢，所以双方应该按照2∶1的比例来分配赌注，即梅雷骑士分得24个金币，自己分得12个金币。

而梅雷骑士认为，每一次投掷出现6点和出现4点的机会是一样的。如果再出现1次6点，自己就能拿到所有金币；而如果再出现1次4点，朋友才能和自已打平，拿回一半金币。所以双方应该按照3:1的比例来分配赌注，即自己分得27个金币，朋友分得9个金币。

双方都坚持自己的主张，相持不下，最后梅雷骑士决定向他的朋友、数学家帕斯卡求助。帕斯卡收到这个问题后并没有简单地给出回复，他认真研究了两年多，并写信给他的好友费马，两人一起讨论，最后取得了一致意见：梅雷骑士的分法是正确的。

费马假设了将赌局进行下去的情形，如果除去点数为4或6以外的无效投掷，那么只有4种机会相等的结局（表4.3.1）。

表4.3.1 赌局继续进行2次投掷可能出现的结局

第1次出现4或6点	第2次出现4或6点	结果
4点	4点	朋友赢
4点	6点	梅雷骑士赢
6点	4点	梅雷骑士赢
6点	6点	梅雷骑士赢

在4种结局中，梅雷骑士将赢得3次，其朋友将赢得1次，所以两者的赌注分配比例应该为3:1。

后来，荷兰科学家惠更斯在帕斯卡和费马的研究基础上，写成了《论赌博中的计算》一书，虽然这本书被认为是关于概率论的最早论著，但帕斯卡和费马关于赌注分配问题的通信仍然被认为是现代概率论研究的开始。

在费马的假设中，我们可以看出掷骰子游戏中的一个基本规律，那就是在前后两次投掷中，出现的点数之间不存在任何关联。比如，第1次掷出4点，并不意味着第2次掷出4点的概率就要比掷出6点的概率要更高，也不意味着要更低——实际上，第2次掷出4点和6点的概率仍然相等，和第1次掷出的点数没有任何关系。

这个规律体现了掷骰子游戏中**两次投掷**之间的独立性，如果我们把第1次投掷中掷出4点的情况称为事件*A*，第2次投掷中掷出6点的情况称为事件*B*，那**么事件*A*的发生与否与事件*B*发生的概率无关，同样，事件*B*的发生与否也与事件*A*发生的概率无关，事件*A*和*B*互为独立事件。**

而如果在同一次投掷中，我们只可能掷出一个4点或者6点，不可能既掷出一个4点，又掷出一个6点，所以如果把某次投掷中掷出4点的情况称为事件*A*，

课堂上来不及思考的数学

掷出 6 点的情况称为事件 B，那么事件 A 和事件 B 不可能同时发生，因此称事件 A 和 B 为互斥事件。

在掷骰子、扔硬币这类游戏中，了解多次游戏中各个事件之间的独立性是非常重要的。

以扔硬币游戏为例，很多赌徒信奉"事不过三""已经押错了十几次，下一次押对的概率越来越大了"这样的"转运效应"，他们认为游戏中如果连续出现正面，那么接下来出现正面的可能性就不大了；相反，因为很久都没有出现背面，所以出现背面的概率会越来越大。这种类似于"否极泰来"的转运理论到底有没有数学根据呢？

作为一个例子，我们来计算一下以下两种情况的概率（图 4.3.1），一种是连续 6 次扔出正面朝上，另一种是正面、背面交替着各扔出 3 次。在直觉上，似乎前一种情况的概率要远远小于后一种情况。

图 4.3.1　扔硬币出现的两种情况

但如果我们仔细想想，就会发现既然对于游戏中的任意一次，硬币出现正面和背面的概率都是 $\frac{1}{2}$，那么连续 6 次扔出正面朝上的概率和正面、背面交替出现各 3 次的概率应该是相同的，都是 $(\frac{1}{2})^6$。同样，不管前 6 次扔出哪种情况，第 7 次扔硬币时出现正面和背面的概率也各为 $\frac{1}{2}$。

这种赌徒们直觉上的谬误，也被称为"**赌徒谬误**"。在这种认知中，人们错误地认为某个随机的独立事件发生的概率会因为先前一连串独立事件的结果而发生改变。和转运效应类似，同属于赌徒谬误的还有所谓"热手效应"，即在连续押中以后，人们倾向于相信保持原来的选择赢面更大。

在现实生活中，人们也常常会自觉或者不自觉地受到赌徒谬误这种错误认知的影响。比如，不少股民相信"久跌必涨"，在股市的下跌阶段逢跌必买，越跌越买，结果将自己套牢在"半山腰"上。一方面，赌徒谬误在数学上站不住脚；另一方面，我们也应该看到，股票涨还是跌不是严格的随机独立事件，其背后还有经济学等关键性影响因素，所以其发生的概率不能简单地使用数学来进行估算。

这里可能会有读者提出：福利彩票的摇奖是完全随机的，前后两次彩票开奖也相互独立，那么为什么还有很多人希望通过研究分析开奖的历史数据（比如双色球走势图）来指导投注呢？

要回答这个问题，我们先要对"大数定律"有个了解。所谓"大数定律"，用通俗的话来解释：**当随机事件发生的次数足够多时，发生的频率便趋近于预期的概率**。

还是以掷骰子为例，如果计算多次掷出得到的点数的平均值，我们可以发现这个平均值在最开始阶段将在 1 ～ 6 的某个范围内波动，随着掷骰子的次数的增加，这个平均值波动的范围逐渐缩小，当投掷次数足够多时，这个平均值将非常接近 3.5 这个定值。3.5 这个定值是掷骰子点数的期望值，因为骰子 6 个面上的点数分别为 1、2、3、4、5 和 6，各个面出现的概率相等，所以其期望值为 $\frac{1+2+3+4+5+6}{6} = 3.5$。

图 4.3.2 模拟了一个 1000 次掷骰子的过程，红线为实际掷出的点数的平均值，绿线为点数的期望值 3.5。在模拟中，第一次掷出来的是 1 点，所以平均值为 1。在最开始的 100 次投掷中，平均值在 3 和 3.5 之间波动。当投掷次数从 200 次上升到 500 次时，平均值逐渐向期望值靠拢。在投掷次数为 500 ～ 1000 次范围内时，平均值虽然仍有波动，但和期望值之间的差距已经比较小了。

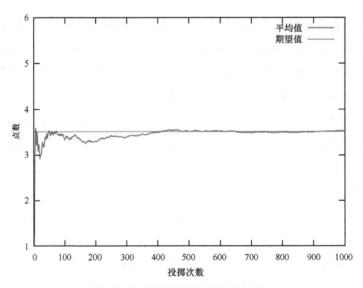

图 4.3.2　1000 次掷骰子的模拟过程

需要指出的是，如果再次进行模拟，那么代表平均值的红线在前 500 次的形状可能有很大不同，但在后 500 次中它将仍然逐渐靠拢绿线，这个现象体现了大数定律的本质：当试验次数足够多时，观测到的平均值必然收敛于理论上的期望值。

对赌徒谬误的反驳过程告诉我们，独立事件发生的概率是不受历史结果所影响的；而大数定律又告诉我们，如果对足够多的试验结果进行统计，独立事件发生的平均值一定会收敛于其期望值。那么，这两个说法是否互相矛盾呢？

答案是显见的：两者并不矛盾。正确理解赌徒谬误和大数定律关系的关键有两个，一个是大数定律的作用机理，另一个是大数定律中的"足够多"需要多少次。

由对赌徒谬误的反驳过程可知，骰子是没有记忆的，所以每一次投掷后，得到 1～6 点的概率都是 $\frac{1}{6}$，并不会因为连续出现了 10 次 6 点后，"上帝之手"就会倾向于掷出 1 点来。为了将这 10 次 6 点的结果拉平到期望值 3.5，大数定律并不会对已经发生的情况进行平衡或者补偿，而是利用新的、更大量的数据来削弱这 10 次结果的影响，直至这 10 次结果从数据量上来看比例非常小，其影响最终可以忽略不计。通俗来说，就是 10 次 6 点的结果被后面大量的数据给"稀释"了。

我们假设在掷出 10 次 6 点后，后面投掷得到的点数平均值始终为 3.5。这样，如果一共只投掷了 20 次，其他 10 次一共掷出了 35 点，那么这 20 次投掷点数的平均数为 $\frac{60+35}{20} = 4.5$，和期望值的偏差为 1 点；如果一共投掷了 100 次，其他 90 次一共掷出了 315 点，那么这 100 次点数的平均值为 $\frac{60+315}{100} = 3.75$，和期望值的偏差为 0.25 点；而如果一共投掷了 1000 次，其他 990 次一共掷出了 3465 点，那么这 1000 次点数的平均值为 $\frac{60+3465}{1000} = 3.525$，和期望值只相差 0.025 点。由此可见，最开始连续 10 次掷出 6 点给平均值带来的偏差被后面更多的数据所稀释，尽管后面的投掷结果并没有出现向小点数方向的倾斜。

赌徒们信奉的转运效应，正是曲解了大数定律的作用机理，他们认为根据期望值，后面的投掷结果将倾向于对已有的结果进行平衡和补充。

赌徒们犯的第二个错误，就是没有理解大数定律起作用所需要的足够多次试验究竟是多少次。只有试验次数足够多，随机事件发生的平均值才会收敛于期望值。对于扔硬币和掷骰子这样的简单游戏，也许在 1000 次或者 10000 次投掷以后，硬币正面和背面出现的比例就可以收敛于 0.5，骰子点数的平均值就可以收敛于 3.5，但对于更复杂一些的游戏来说，这个足够多的次数显然要大很多。

以双色球为例，投注者需要从 33 个红球中选对 6 个号码，从 16 个蓝球中选对 1 个号码，这个游戏的复杂度要远远高于扔硬币和掷骰子的复杂度。以相对简单的蓝球为例，根据大数定律，当买过足够多次彩票后，01 ～ 16 号球被开出的概率才会完全相等。如果说，只有 6 种结果的掷骰子游戏需要 500 ～ 1000 次投掷后大数定律才开始起作用，那么对于有 16 种结果的蓝球来说，则可能需要 1000 万次以上的投注。如果把更为复杂的 33 个红球也加入进来一起考虑，那么这个数字会是一个天文数字。

所以对于彩票爱好者来说，哪怕将整个生命都投入对双色球走势图的研究中，也断然等不到大数定律起作用的那一天。

彩蛋问题

如果你和梅雷骑士掷骰子，双方约定先出现 4 次 6 点算梅雷骑士赢，先出现 4 次 4 点算你赢，现在陆续掷出来 2 次 6 点和 1 次 4 点，如果游戏中止，赌注应该按照何种比例分配呢？

本节术语

互斥事件： 如果在某一试验中事件 A 和事件 B 不可能同时发生，则称事件 A 和 B 为互斥事件（exclusive event）。用集合表示，当事件 A 和 B 的交集为空集时，$P(A \cap B) = 0$，两者为互斥事件。

独立事件： 如果在某一试验中事件 A 的发生与否与事件 B 发生的概率无关，事件 B 的发生与否同样与事件 A 发生的概率无关，那么称事件 A 和 B 为相互独立事件（independence）。用集合表示，当 $P(A \cap B) = P(A) \cdot P(B)$ 时，事件 A 和 B 相互独立。

赌徒谬误： 也叫作蒙特卡罗谬误，指人们在一连串独立事件中，错误地认为事件结果之间存在某些关联，使得已发生事件的结果对未发生的独立事件的概率产生影响。

大数定律： 在重复试验中，随着试验次数的增加，随机事件发生的算术平均值将趋于一个稳定值，即期望值。

4.4 长斑的修道士

"The beauty of the universe consists not only of unity in variety, but als of variety in unity."

— Umberto Eco

"宇宙之美既有多样性的统一，也有统一性的多样。"

—— 翁贝托·埃科

已是黎明时分，阿尔卑斯山山顶的茫茫积雪将初生的阳光反照到唱诗堂的彩窗上，刚刚熄灭的烛台上升起一丝袅袅的青烟。修道院院长清了清嗓子，用他惯用的沉稳的语气说："或许你们还不知道，但我觉得现在应该是时候了。"他停顿了一下，台下静谧得仿佛能听到长袍偶尔带动的风声。

"你们中的一些人不幸患上了一种疾病，脸上长出了一些斑点，虽然不疼不痒不会传染，但我建议患病的人应该在夜里悄悄离开修道院，去进行治疗。"院长迎来了修道士们疑惑的目光，"是的，尽管如此，我们仍将遵守静默不语的修行。你们之间不可以交流，本院也没有镜子，每天的晨祷是你们看到修道院中所有其他人的唯一机会，除此以外你们别无信息可以参考。"

修道士们互相看了看，就匆匆赶往缮写室。第一天，就这么过去了。

当第二天烛台上的青烟宣告晨祷结束时，修道士们发现总人数并没有减少，这意味着昨夜并没有人离开。不过，这个情况似乎已在他们的意料之中，他们照常去抄经，就像什么事情都没有发生过一样。第二天，就这么过去了。

就这样一连平静地过了九天。第十天是个阴天，穿堂而过的冷风揉碎了烛台上的青烟，给晨祷结束后的人群带来了一丝不安的躁动：修道士们发现他们的人数变少了，有一些人在第九天的夜里悄悄地离开了修道院。

问题来了：在第九天夜里，一共有几个修道士离开了修道院呢？

菲尔兹奖获得者、澳大利亚华裔数学家陶哲轩曾经研究过这个问题，所用的故事是蓝眼睛岛上的客人，但是不论是修道士，还是蓝眼睛的客人，其背后的数学问题都是相同的。在这个逻辑问题中，陶哲轩提到了两个概念，一个叫共识（mutual knowledge），一个叫常识（common-sense knowledge）。这两个概念的区别在于，**前者是（几乎）所有人都知道的信息，而后者不仅（几乎）所有人都知道，而且（几乎）所有人都知道其他人也都知道这个共识，并且明白其他人也知道别人都知道这个共识，依此类推。**

必须承认，这些定义读起来很拗口。让我们用一个耳熟能详的故事来解释一下这两个概念。

在安徒生童话故事《皇帝的新装》中，皇帝没有穿衣服，这是围观群众的共识，却不是常识。围观群众看到皇帝赤身裸体，每个人都知道他没有穿衣服，这是共识；但群众之间没有信息的交流，每个人都不知道在其他人眼中的皇帝到底是不是穿着华贵的衣服，所以害怕说出真相反而被别人嘲笑成傻瓜，这便形成了一个典型的缺乏常识的场景，这也是骗子裁缝诡计得逞的主要原因。

剧情发展的转折点在哪里呢？在那个孩子站出来喊了一句："皇帝没穿衣服呢！"孩子的这句话冲破了围观群众间信息交流的障碍，他把共识通过口口相传的方式传递到了每一个个体，于是围观群众确认了在其他人眼中皇帝也是赤身裸体的这个共识。共识转变成了常识，最后所有的围观群众都在喊："他确实没有穿什么衣服呀！"

让我们暂时抛开皇帝和骗子，从一个修道士的视角出发来分析修道院中的这个逻辑问题。

先梳理一下题目给出的条件。一、根据院长的表述，修道士中至少存在 1 个病人。二、每个修道士都看不到自己的脸，不能直接确定自己是否患病，但是能看到所有其他人的脸，能知道其他人是否患病。三、修道士之间不能交流任何信息，但都思维缜密、行事符合逻辑。

假设我是一个修道士，我看到其他人中共有 3 个人脸上长了斑，但我不知道自己脸上是不是也有斑点，所以我只能推断出一个不确定的结论，即整个人群中病人的人数要么是 3（意味着我健康），要么是 4（意味着我是病人）。

这种不确定的结论在某种特定情况下将变成确定结论。试想一下，在院长公布消息的当天，如果我环顾四周，发现别人脸上都没有斑，那会怎么样？我会很恐慌，也会很确定。因为根据上面的推断，整个人群里病人人数要么是 0，要么是 1；而院长说了我们中间至少有 1 个病人，所以病人的人数只能是 1；而我看到别人脸上都没有斑，所以我一定就是那个唯一的病人。因此，我应该在第一天夜里就离开。

然而，第一天并没有人离开。这就意味着，没有人看到的都是健康的修道士——换句话说，所有人都在其他修道士中至少看到了 1 个病人，包括那个病人本人，他的眼中应该至少还有其他 1 个病人。因此，人群中至少存在 2 个病人。

假设我还是那个修道士，在第一天我看到只有 A 的脸上长了斑，其他人都健康，所以我只能得到一个不确定的结论，即整个人群中病人的人数要么是 1（意味着我健康），要么是 2（意味着我和 A 都是病人），因为不能确定，所以第一天夜里我选择留下。到了第二天早上，我发现 A 也没有离开，说明他在第一天也只得到了一个不确定的结论，即他的眼中也至少有 1 个病人，而我和 A 除了相互之外看到的都是相同的一群人，他们都是健康人，这就意味着 A 看到的病人只能是我（图 4.4.1）。在这种情况下，我的不确定结论就变成了确定性结论，我应该在第二天夜里和 A 一起离开。

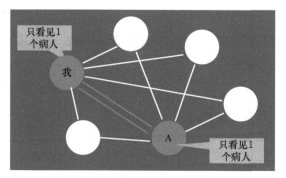

图 4.4.1　修道士人群中只有两个病人的情况

然而，没有一个人在第二天夜里离开。这就意味着，没有人看到的都是健康人（否则他在第一天夜里就应该离开了），也没有人只看到 1 个病人（否则他在第二天夜里就应该离开了）；换句话说，所有人都在其他人中至少看到了 2 个病人；包括那些病人，病人的眼中也应该至少看到其他 2 个病人。因此，人群中至少存在 3 个病人。

依此类推，直到第九天早上人数还没有变化，所以所有人在第一天就看到了至少 8 个病人，人群中至少存在 9 个病人。

终于，在第九天夜里有人离开了，这说明有人在第九天早上推断出了自己是病人的结论。这些人的眼中只有 8 个病人，根据前面的推理，如果他自己是健康的，他眼中的 8 个人应该在第八天夜里就离开了。但第八天夜里没有人离开，而这些人只看到了 8 个病人，这说明他们自己在别人眼中也是病人之一，所以人群中共有 9 个病人。

第九天的夜里，9 个修道士罩上帽子，将双手笼入长袍，在风雪中走出修道院大门，在下山的小道上渐行渐远，消失在茫茫的黑暗之中。

至此，这个中世纪修道院的神秘事件终于真相大白。下面让我们再回到共识和常识上。

修道士们是中世纪的"知识分子"，他们建造房屋、修订书籍、酿造美酒、长于逻辑推理和思辨，几乎也掌握着当时最先进的医学知识。在院长宣布病情之前，他们已经观察到了某些修道士的脸上出现了斑点，出现了与常人不同的症状。问题是，在院长宣布之前，为什么没有人离开呢？院长宣布的消息给这个群体带来了额外的信息吗？

答案是，在这个故事中因为缺乏信息的交流，修道士们看到别人脸上出现斑点只是共识；在院长宣布之后，通过严格的逻辑推理，这个共识在 9 天的时间内逐步转变成了所有修道士的常识。

假设修道院里只有一个病人 A。在院长宣布病情之前，对于除 A 以外的其他修道士来说，他们都看到了 A 脸上有斑点，发生病情这个信息对于他们来说是个共识；但是因为无法交流，他们不能确认自己脸上是否也有斑点，也不知道 A 看到的是什么情况——事实上，A 看到的所有人都很正常，所以 A 是唯一那个没有得到共识的人；同时，其他人也不知道 A 是不是知道发生病情这个共识，即整个修道士群体对于发生病情缺乏常识。

现在，修道院院长出马了，他宣布修道士中有人脸上长了斑点，修道士中有人是病人。

对于那些健康的修道士来说，这个宣布似乎并没有带来额外的信息，因为 A 的症状他们早就看在眼里了。不过从共识的角度上来说，这个宣布仍然带来了一点儿新的变化，那就是 A 也明白了有人生病的这个事实。重要的是，请注意，从常识的角度上来看院长的宣布是决定性的，因为现在所有人（包括 A 在内）都知道有人生病这个共识，而且更重要的是所有健康的修道士也知道了 A 现在也知道了这个共识！（希望大家看到这里时，认为这句话不再拗口。）

A 知道有人生病这个共识是 A 在院长宣布后离开修道院的逻辑基础，而其他人知道所有人都知道共识的这个常识是后续推理的基础。本故事中共有 9 个病人，基于常识的推理使得他们在第九天夜里确定了自己的病情。

如果说修道士心中的逻辑推理主要是个时间过程的话，那么下面这个例子对共识和常识的推理更具有层层推进的意思。

老师选定了一个两位数的素数，他把这个素数的十位数告诉了甲，个位数告诉了乙。甲乙两人关于这个素数有如下对话。

甲：我不知道这个素数是多少。

乙：我一开始就知道你不可能知道。

甲：我还是不知道。

乙：我也早就知道你刚才也不可能知道。

甲：我终于知道了。

问：这个素数是多少？

乍一看，甲乙两人这种对话没有什么"营养"，甲是如何通过这种"神神道道"的对话推断出这个素数是多少的呢？

我们先来看两位数的素数有哪些，从中能不能找到一些特定性的信息。

两位数的素数共有 21 个：11、13、17、19、23 、29、31、37、41、43、47、53、59、61、67、71、73、79、83、89 和 97 。

从个位数上来看，1、3、7、9 这些数字都出现过，不存在确定性信息；从十位数上来看，我们可以发现唯独以 9 开头的只有一个素数，所以，如果老师选定的素数是 97 的话，甲拿到 9 就 可以立刻知道这个素数是多少。

然而甲第一句话说并不知道这个素数是多少，所以这个素数不是 97 。

再从乙的角度来看这个问题，乙说他一开始就知道甲不可能知道这个素数。换句话说，在他们对话之前，乙看到这个素数的个位数就已经知道甲不可能一下子就得到答案。因此，乙拿到的个位数不可能是 7，否则将存在素数为 97 的可能，也存在甲拿到 9、直接推断出素数为 97 的可能。

对话第一回合结束，对于乙来说，素数的十位数不会是 9，这个他一开始就知道了，因为他手上的个位数不是 7，他并没有从对话中获得新的信息；对于甲来说，因为乙说"我一开始就知道你不可能知道"，基于同样的推理，甲马上明白了这个素数的个位数不可能是7——这是一个重要的收获！

去掉十位数为9或者个位数为7的素数，现在甲乙双方脑海中的候选素数还剩下11、13、19、23、29、31、41、43、53、59、61、71、73、79、83和89。这个候选清单是甲乙双方目前的常识。

现在轮到甲了，和97类似，如果甲手上拿到的是3或者6，那么他可以在上面这个候选清单中马上确定素数为31或者61。但第二回合中甲说"我还是不知道"，这就意味着甲手中的十位数既不是3，也不是6。

乙再次以一种"傲娇"的方式出场，"我也早就知道你刚才也不可能知道"。和第一回合的分析类似，这说明乙手上拿到的个位数不可能是1；因为如果是1的话，他不能排除甲在第二轮开始就得到31或者61这样确定性的答案。

因为乙的回答，基于同样的推理，甲也明白了个位数不可能是1——这是第二个重要的收获！

因此，去掉十位数为3或者6，或者个位数为1的素数，第二回合结束后，双方常识中的候选素数还剩下13、19、23、29、43、53、59、73、79、83和89。

这个时候，甲终于得到了确切的答案。在上面这个清单中，其他素数的十位数都出现了2次，只有43是以4开头的唯一素数。因此，甲手上拿到的是4，老师选定的素数为43。

基于共识和常识的推理一般出现在逻辑问题中。不过在现实生活中，对于哪怕再小的群体，缺乏交流也会阻碍共识变成常识。有意思的是，这样的情况也经常发生在相互暗恋的异性之间，两个人都喜欢对方，但又不能确定对方是否也喜欢自己，出于害羞或者别的原因双方就此没有沟通和交流，所以两个人的关系就会停留在相互暗恋的阶段，不会发展成为一对真正的恋人。在这种状态下，相互喜欢对方是共识，不知道对方是否也喜欢自己阻碍了共识变成常识，这个时候如果有个"院长"或者"小孩"跳出来捅破这层"窗户纸"：某某和某某互相喜欢着呢！这个信息传达到当事人双方后，常识就可以被达成，朦胧羞涩的暗恋双方就可以发展成为一对真正的恋人。

如此看来，数学不仅是自然百科、工程技术的基础，它在人们的感情生活中也大有用处呢！

共识: 博弈论的共识指所有参与的人都已知的信息,但共识并不要求所有参与的人都知道该信息是在所有参与的人之中互通的。

常识: 博弈论的常识指所有参与的人都已知的信息,且所有参与的人都知道该信息是在所有参与的人之中互通的。

附录 A 术语索引

附录 B　彩蛋问题解答

1.1 偷懒的小货郎

$(111)_2 + 1 = (1000)_2 = 2^3, (222)_3 + 1 = (1000)_3 = 3^3$。所以 $(222)_3$ 比 $(111)_2$ 大。

$(0.1111\cdots)_2 = \dfrac{1}{2} + \dfrac{1}{4} + \dfrac{1}{8} + \dfrac{1}{16} + \cdots = 1$，$(0.2222\cdots)_3 = 2 \times (0.1111\cdots)_3 = 2 \times \left(\dfrac{1}{3} + \dfrac{1}{9} \right.$

$\left. + \dfrac{1}{27} + \dfrac{1}{81} + \cdots \right) = \dfrac{2 \times \dfrac{1}{3}}{1 - \dfrac{1}{3}} = 1$。所以 $(0.1111\cdots)_2$ 和 $(0.2222\cdots)_3$ 一样大。

1.3 没有烦恼的作家

梅森素数 $2^{77232917} - 1$ 一共有 23249425 位，虹色社用了 719 页才将这个数的所有数字印刷出来。第 51 个梅森素数等于 $2^{82589933} - 1$ 有多少位呢？将 $2^{82589933} - 1$ 近似为 $2^{82589933}$，然后对 10 取对数，$\log_{10} 2^{82589933} = 82589933 \times \log_{10} 2 = 24862047.17\cdots$，所以 $2^{82589933} - 1$ 一共有 24862048 位。$\dfrac{24862048}{23249425} \times 719 = 768.87\cdots$，所以虹色社出版的这本新书大约有 769 页。

2.1 不存在的历史

如图 B.1 所示，设 A、B 之间的等效电阻为 R_0，C、D 之间的等效电阻为 R_1，E、F 之间的等效电阻为 R_2，G、H 之间的等效电阻为 R_3 ……

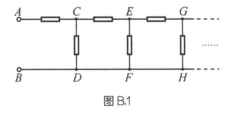

图 B.1

那么根据电阻之间的串联和并联关系 [1]，有

---

[1]　串联电阻阻值关系：$R_{总} = R_1 + R_2 + \cdots + R_n$。并联电阻阻值关系：$\dfrac{1}{R_{总}} = \dfrac{1}{R_1} + \dfrac{1}{R_2} + \cdots + \dfrac{1}{R_n}$。

$$R_0 = R + R_1 = R + \cfrac{1}{\cfrac{1}{R} + \cfrac{1}{R+R_2}} = R + \cfrac{1}{\cfrac{1}{R} + \cfrac{1}{R + \cfrac{1}{\cfrac{1}{R} + \cfrac{1}{R+R_3}}}} = R + \cfrac{1}{\cfrac{1}{R} + \cfrac{1}{R + \cfrac{1}{\cfrac{1}{R} + \cfrac{1}{R + \cfrac{1}{\cfrac{1}{R} + \cdots}}}}}$$

这是一个无限的连分数，因为其无限性和循环性，可以将其改写为

$$R_0 = R + \cfrac{1}{\cfrac{1}{R} + \cfrac{1}{R_0}}$$

解得 $R_0 = \dfrac{(\sqrt{5}+1)R}{2}$。

2.3 辛勤的计算家

对某一点 x 附近的平滑曲线的拟合，可以通过该曲线在 x 处的切线来近似。对于整条曲线的拟合，则可以通过曲线在若干个点 x_n 处的切线线段的连线来近似。随着 n 趋于无穷大，每条切线线段的长度趋于 0，每两条切线之间的夹角趋于 $180°$ ——折线趋于平滑。比如，阿基米德和刘徽使用正 n 多边形来逼近圆，当 n 趋于无穷大时，正 n 多边形的内角 $180° - \dfrac{360°}{n}$ 趋于 $180°$ 。

在外切正方形"逼近"圆的例子中，不论折叠多少次，线段和线段之间的夹角恒定为 $90°$ 。因此，尽管从宏观上这个由若干条折线组成的图形越来越像一个圆，但线段和线段之间恒定的 $90°$ 夹角使得它不可能逼近一条光滑的曲线。在折叠"逼近"过程中，虽然每一个"毛刺"的尺度会越来越小，但毛刺和圆之间总的误差保持不变，这个带有"毛刺"的图形的周长恒等于 4。

为什么用切线去近似曲线可以得到正确的拟合结果，而用夹角为 $90°$ 的折线就不可以呢？这个内容涉及微积分的知识，简单来说，就是曲线的切线和曲线之间相差一个高阶无穷小，而夹角为 $90°$ 的折线和圆之间相差的是一个同阶无穷小。

2.4 致命的药物

这个函数是偶函数，偶函数关于 y 轴对称，所以在 x 轴负值部分和在 x 轴正值部分呈现的单调性相反；因为这个函数在整个实数域中是一个单调函数，所以

它只能是常数函数。常数函数也符合周期性的要求。同时，因为该函数也是一个奇函数，关于原点对称的常数函数只有一个，即 $y = 0$。

3.2 来自英国的匿名信

两根柱子之间的距离为 0 米。

柱高 50 米，软绳的最低点距离地面 10 米，所以柱顶 A 到软绳底部 B 的高度差为 40 米，如图 B.2 所示。而软绳总长为 80 米，根据两点间直线距离最短，这种情况只会出现在两根柱子靠在一起的时候，此时软绳由两条重叠在一起的线段组成，每条线段长度为 40 米。

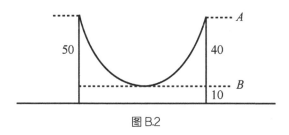

图 B.2

4.2 两个人的魔术

在平面上构造一个 4×19 的网格。

先考虑每一列上的 4 个点，每个点被 3 种颜色之一涂色，根据抽屉原理，必然至少有 2 个点同色，比如红色，不妨将这一列标记为"红色列"。注意：同样标记为"红色列"的列，其从上到下 4 个点的颜色顺序不一定相同，例如"红红蓝绿"和"绿蓝红红"都是红色列。

考虑所有的 19 列，每一列要么是红色列、要么是蓝色列、要么是绿色列，根据抽屉原理，其中必然至少有 7 列被标记为同一种颜色，不妨设有 7 列被标记为红色列。对于这 7 列，现在考虑每一列上 4 个点中 2 个红点的位置，这是一个从 4 中选 2 的组合数 $C(4, 2) = 6$，即一共只有 6 种可能。根据抽屉原理可知，7 列中一定存在至少 2 列，它们的 2 个红点位置相同。因此，由这 2 列的各 2 个红点构成的长方形的 4 个顶点同色。

4.3 作家的赌局

类似费马的做法，假设游戏后续的结局。

因为梅雷骑士还需要 2 次 6 点，你还需要 3 次 4 点，根据抽屉原理，至多还需要掷出 4 次 4 点或者 6 点的点数，游戏就能结束，$2^4 = 16$，所以一共可以假设 16 种等概率的结局。如表 B.1 所示。

表 B.1　投掷游戏的 16 种等概率结局 [2]

第 1 次	第 2 次	第 3 次	第 4 次	赢家
4 点	4 点	4 点	4 点	你
4 点	4 点	4 点	6 点	你
4 点	4 点	6 点	4 点	你
4 点	4 点	6 点	6 点	梅雷骑士
4 点	6 点	4 点	4 点	你
4 点	6 点	4 点	6 点	梅雷骑士
4 点	6 点	6 点	4 点	梅雷骑士
4 点	6 点	6 点	6 点	梅雷骑士
6 点	4 点	4 点	4 点	你
6 点	4 点	4 点	6 点	梅雷骑士
6 点	4 点	6 点	4 点	梅雷骑士
6 点	4 点	6 点	6 点	梅雷骑士
6 点	6 点	4 点	4 点	梅雷骑士
6 点	6 点	4 点	4 点	梅雷骑士
6 点	6 点	6 点	4 点	梅雷骑士
6 点	6 点	6 点	6 点	梅雷骑士

16 种等概率结局中，梅雷骑士将赢得 11 次，你将赢得 5 次，所以赌注分配比例应该为 11∶5，即梅雷骑士获得赌注的 $\frac{11}{16}$，你获得赌注的 $\frac{5}{16}$。

---

[2]　此表中列出了 4 次投掷的情况，实际游戏中的某些情况下无须投掷 4 次即可定出胜负。